暨南大学本科教材资助项目

# PLC
# 原理与实训

钟伟荣　张茂平　梁少军　主编

暨南大学出版社
JINAN UNIVERSITY PRESS

中国·广州

图书在版编目（CIP）数据

PLC 原理与实训/钟伟荣，张茂平，梁少军主编. —广州：暨南大学出版社，2023.4

ISBN 978 - 7 - 5668 - 3625 - 0

Ⅰ.①P…　　Ⅱ.①钟…②张…③梁…　　Ⅲ.①PLC 技术　　Ⅳ.①TM571.6

中国国家版本馆 CIP 数据核字（2023）第 015075 号

## PLC 原理与实训

PLC YUANLI YU SHIXUN

主　编：钟伟荣　张茂平　梁少军

- - - - - - - - - - - - - - - - - - - - - - - - - - - - - - - - - - - - - - - - - - - - - - - - - - - - - - - - - - - -

出 版 人：张晋升
责任编辑：曾鑫华　彭琳惠
责任校对：刘舜怡
责任印制：周一丹　郑玉婷

出版发行：暨南大学出版社（511443）
电　　话：总编室（8620）37332601
　　　　　营销部（8620）37332680　37332681　37332682　37332683
传　　真：（8620）37332660（办公室）　37332684（营销部）
网　　址：http://www.jnupress.com
排　　版：广州市新晨文化发展有限公司
印　　刷：广州市金骏彩色印务有限公司
开　　本：787mm×960mm　1/16
印　　张：13.5
字　　数：230 千
版　　次：2023 年 4 月第 1 版
印　　次：2023 年 4 月第 1 次
定　　价：46.00 元

# 前　言

目前，工业生产智能化逐渐成为生产技术的一种发展方向，企业需要越来越多智能化方面的人才。PLC作为当前工业控制三大支柱之一，在智能化控制与生产中占据越来越重要的地位。在工科院校中，PLC类课程是必修课之一，非工科应用类专业也有PLC选修课。在应用类或工科类本科生的课程设置中，"PLC原理与应用"一般在第四学期才开课，个别学校为了适应培养计划和顾及教学设施的无缝对接或者其他原因，有可能于第一学期开设PLC课程，因此就会带来一系列教学问题和挑战。目前，PLC相关课程和已经出版的教材有不少，像网络慕课就有101版PLC原理课程，其中国家精品课5门。不过这些网络课程课时大约为36学时，没有涉及实验部分。对于没有电工学等基础知识的学生来讲，想听懂不容易。本教材旨在从最基本的电工学知识讲起，避免PLC课程对电工学、模电和数电等基础课程的依赖，有助于学生快速有效地掌握PLC的基本原理，并让学生具备一定的编程和实操能力。

本教材是依托于"PLC原理与应用"这门课程编写的，前期完成的部分教材（包括实物实验部分）已经在教学中使用，效果显著，受到学生欢迎。编写本教材的主要目的在于：第一，减少PLC课程对基础课程（如电工学）的依赖。PLC作为主流的工业控制器，在当前的工业生产中得到广泛应用，近年智能化控制发展迅速，其对人才的培养提出越来越高的要求，对于一些急需人才的生

产线，快速上手 PLC 非常重要。本课程增加了一些最基本的电工学、模电和数电知识，使没有专门修电工学等课程的人员也能迅速掌握 PLC 原理。第二，实验与理论相结合。目前大部分院校 PLC 课程都将理论课与实验课分开，这对于工科学生而言非常有必要。但对于理科学生而言，理论与实验分开可能会增加负担，甚至占用其他课程时间。因此，将理论与实验融合，有助于解决这个问题。

编　者

2022 年 12 月

# 目 录
## CONTENTS

# 上 编

## PLC原理

# 第 1 章　PLC 的基础知识

**本章概述**

　　本章主要普及一些有关 PLC 的基础知识。首先从工业控制简介开始，引出 PLC 的概念以及 PLC 系统相对于继电器系统的优势与特点。根据 PLC 的发展历史，阐述 PLC 的产生以及国内外的发展历程，介绍 PLC 在当前各行业中的应用领域和范围。举例说明 PLC 的基本性能指标，并根据最近的调研报告，总结 PLC 发展的方向和趋势。最后分析 PLC 的结构，对组成 PLC 的各部分作用和两种常用 PLC 分类方法进行说明。

## 1.1　工业控制概述

　　工业控制指的是工业自动化控制，也就是利用电子电气、机械、软件组合实现的自动化控制，主要是指使用计算机技术、微电子技术和电气手段，使工厂的生产和制造过程更加自动化、高效化和精确化，并具有可控性和可视性。

　　20 世纪 70 年代以后，由于市场竞争的需要，怎样利用好资源、减轻劳动强度以及提高产品质量，成为批量生产技术的需求，各种单机自动化加工设备陆续出现。特别是，当市场环境快速变化，多品种、中小批量生产中的普遍性问题愈发严重，自动化技术必须发展其广度和深度，使其各相关技术高度综合，发挥整体最佳效能，于是工业自动化领域发生了巨大变化。

　　首先，随着微处理器、计算机和数字通信技术的飞速发展，计算机控制已扩展到了几乎所有工业领域。现代社会要求制造业对市场需求作出迅速反应，生产出小批量、多品种、多规格、低成本和高质量的产品。为了满足这一要求，生产设备和自动生产线的控制系统必须具有极强的可靠性和灵活性，PLC（Programmable Logic Controller，可编程逻辑控制器）正是顺应了这一要求。PLC 是以微处理器为基础的通用工业控制装置，它采用一类可编程的存储器，用于其内部存储程序，执行逻辑运算、顺序控制、定时、计数与算术操作等面向用户的指令，并通过数字或模拟式输入/输出控制各种类型的机械或生产过程。

其次，20 世纪后期，随着计算机和人工智能技术的发展，机器人进入了实用化时代，并向高速、高精度、轻量化、成套系列化和智能化发展，以满足多品种、小批量的需要。到了 20 世纪末，随着计算机技术、智能技术的进一步发展，第二代具有一定感觉功能的机器人已经实用化并开始推广，具有视觉、触觉、高灵巧手指且能行走的第三代智能机器人相继出现并开始走向应用。当前，工业机器人已成为面向工业领域的多关节机械手或多自由度的机器装置，它能自动执行工作，是靠自身动力和控制能力来实现各种功能的一种机器。它既可以接受人类指挥，也可以按照预先编排的程序运行，还可以根据人工智能技术制定的原则纲领行动。

最后，20 世纪 80 年代，随着强有力的超大规模集成电路制成的微处理器和存储器件的出现，CAD（Computer Aided Design，计算机辅助设计）技术在中小型企业逐步普及。80 年代中期以来，CAD 技术向标准化、集成化、智能化方向发展。一些标准的图形接口软件和图形功能相继推出，对 CAD 技术的推广、软件的移植和数据的共享起了重要的促进作用。于是系统构造由过去的单一功能变成综合功能，出现了计算机辅助设计与辅助制造联成一体的计算机集成制造系统。CAM（Computer Aided Manufacturing，计算机辅助制造）的核心是计算机数值控制（简称数控），是将计算机应用于制造生产的过程或系统。

到目前为止，以上三种自动化控制的方式，即 PLC、机器人和 CAD/CAM，已成为现代工业控制的三大支柱。

# 1.2　PLC 概述

## 1.2.1　PLC 的概念

可编程逻辑控制器（PLC）是一种具有微处理器的数字电子设备，用于自动化控制的数位逻辑控制器，可以将控制指令随时载入记忆体内储存与执行。PLC 由内部 CPU、指令及资料记忆体、输入/输出单元、电源模组、数位类比等单元所模组化组合而成。PLC 可接收和发送多种形态的电气或电子信号，并使用它们来控制或监督几乎所有种类的机械与电气系统。

早期的可编程逻辑控制器只有逻辑控制的功能，被命名为可编程控制器（Programmable Controller，PC），后来随着技术的不断发展，这些当初功能简单的计算机模块不仅有逻辑控制，还增加了时序控制、模拟控制、多机通信等各类功能，但是它的缩写 PC 与个人电脑（Personal Computer）的缩写相同，同时为了体现最初的逻辑控制功能，于是名称也改为可编程逻辑控制器（PLC）。

## 1.2.2　PLC 的优势和特点

PLC 是微机技术与传统的继电器接触控制技术相结合的产物，它克服了继电器接触控制系统中机械触点接线复杂、可靠性低、功耗高、通用性和灵活性差的缺点，充分利用了微处理器的优点，又照顾到现场电气操作维修人员的技能与习惯。特别是 PLC 的程序编制，不要求掌握专业的计算机编程语言知识，而是采用了一套以继电器梯形图为基础的简单指令形式，使用户程序的编制形象、直观、方便易学；调试与查错也都很方便。用户在购到所需的 PLC 后，只需按说明书的提示，做少量的接线和简易的用户程序编制工作，就可灵活方便地将 PLC 应用于生产实践。其主要优势和特点表现在以下五大方面：

第一，可靠性高，抗干扰能力强。高可靠性是电气控制设备的关键性能。PLC 由于采用现代大规模集成电路技术，采用严格的生产工艺制造，内部电路采取了先进的抗干扰技术，具有很高的可靠性。例如，三菱公司生产的 F 系列 PLC 的平均无故障工作时间高达 30 万小时。一些使用冗余 CPU 的 PLC 的平均无故障工作时间则更长。从 PLC 的机外电路来说，使用 PLC 构成的控制系统和同等规模的继电器接触控制系统相比，电气接线及开关接点减少到数百分之一甚至数千分之一，故障率也就大大降低。此外，PLC 带有硬件故障自我检测功能，出现故障时可及时发出警报信息。在应用软件中，应用者还可以编入外围器件的故障自诊断程序，使系统中除 PLC 以外的电路及设备也获得故障自诊断保护。因此，整个系统也就具有极高的可靠性。

第二，配套齐全，功能完善，适用性强。PLC 发展到今天，已经形成了大、中、小各种规模的系列化产品，可以用于各种规模的工业控制场合。除了逻辑处理功能以外，现代 PLC 大多具有完善的数据运算能力，可用于各种数字控制领域。近年来，PLC 的功能单元大量涌现，使 PLC 渗透到位置控制、温度控制、CNC（Computerized Numerical Control，计算机数控）等各种工业控制中。PLC 通信能力的增强及人机界面技术的发展使得用 PLC 组成各种控制系统变得非常容易。

第三，易学易用，实用性强。PLC 作为通用工业控制计算机，是面向工矿企业的工控设备。它接口容易，编程语言易于为工程技术人员所接受。梯形图语言的图形符号与表达方式和继电器电路图相当接近，只用 PLC 的少量开关量逻辑控制指令就可以方便地实现继电器电路的功能，为不熟悉电子电路、不懂计算机原理和汇编语言的人使用计算机从事工业控制打开了方便之门。

第四，系统的设计建造工作量小，维护方便，容易改造。PLC 用存储逻辑代替接线逻辑，大大减少了控制设备外部的接线，使控制系统设计及建造的周期大为缩短，同时维护也变得容易起来。更重要的是，使同一设备通过改变程序来改变生产过程成为可能。这个特点特别适合多品种、小批量的生产场合。

第五，体积小，重量轻，能耗低。以超小型 PLC 为例，最近出产的 PLC 品种，其底部尺寸小于 100mm，重量小于 150g，功耗仅数瓦。由于体积小，很容易装入机械内部，是实现机电一体化的理想控制设备。

### 1.2.3  PLC 的产生以及国内外的发展历史

PLC 的产生可以说是美国汽车工业生产技术的发展促进的。"二战"后，美国凭借汽车、钢铁、飞机等领域的绝对优势成为世界制造业霸主。1948—1966 年，美国一直是全球最大的贸易顺差国，在强大的制造业驱动下，美国需要更先进的生产工具来推动其制造业的发展。

在 PLC 出现之前，工业生产中广泛应用的电气自动控制系统一般是继电器控制系统。例如，控制电机运行的，都是将继电器、接触器、按钮开关等电器按控制要求连接起来的硬控制系统。继电器接触控制虽然有价格低廉、线路简单、抗干扰能力强的特点，但其体积庞大、改变控制程序必须重新接线、触头间电弧影响触头寿命等缺点越发明显。在工业竞争越来越激烈、产品更新换代越来越频繁的形势下，继电器控制系统难以满足需求。于是市场迫切需要一种更先进的控制系统来取代继电器控制系统。

20 世纪 60 年代，美国通用汽车公司在对工厂生产线进行调整时，发现继电器、接触器控制系统修改难、体积大、噪声大、维护不方便而且可靠性差，于是提出了著名的"通用十条"招标指标。本来，Dick Morley 只因厌倦了重复的机床操作员工作，想要发明一个集所有功能于一个编辑器的"神器"，于是写出了自己的梯形图逻辑。在这种措施的鼓励下，由 Dick Morley 和 George Schwenk 于 1964 年成立的 Bedford Associates（贝德福德协会）因此获得了通用的原型机测试资格。1968 年 Bedford Associates 成立了第七家控制公司，取名 Modicon（莫迪康），其在 Dick Morley 领导下于 1969 年成功推出了自己的 PLC 产品，基于该产品是 Modicon 的第 84 个项目，产品取名"Modicon 084"。"Modicon 084"可编程控制器及后续产品很快在离散制造业的控制器中占据统治地位，还逐渐扩散到流程工业和间歇制造的批量生产过程，Dick Morley 由此被誉为"PLC 之父"。

最初使用 PLC 的目的是替代机械开关装置。然而，自 1969 年以来，PLC 的功能逐渐代替了继电器控制板。现代 PLC 具有更多的功能，其用途从单一过程控制延伸到整个制造系统的控制和监测。1969 年，美国数字化设备公司研制出第一台可编程控制器（PDP-14），在通用汽车公司的生产线上正式试用。Dick Morley 基于集成电路和电子技术发展的控制装置使得电气控制功能实现程序化，功能越来越强大，其概念和内涵也不断扩展，这就是第一代可编辑控制器，但当时还不叫 PLC，而是叫作 PC。后来随着个人电脑（也叫 PC）的快速发展，为了反映可编程控制器的功能特点，美国 A - B 公司将可编程控制器命名为可编程逻辑控制器，即 PLC，并将"PLC"作为其产品的注册商标。

美国人发明了 PLC 之后，其他国家也纷纷跟进，1971 年日本成功研制出第一台 PLC 产品 DCS - 8；紧接着 1973 年德国西门子公司也研制出欧洲第一台型号为 SIMATIC S4 的可编程逻辑控制器。中国与国际先进国家几乎同步研究半导体、电子技术，因此在欧美研制出 PLC 不久后，中国也于 1974 年研制出第一台可编程逻辑控制器，并于 1977 年开始应用在工业上。

从 20 世纪 70 年代中后期开始，PLC 进入了实用化发展阶段，计算机技术得以全面引入 PLC 中，使其功能发生了飞跃。更快的运算速度、超小型体积、更可靠的工业抗干扰设计、模拟量运算、PID 功能以及极高的性价比，都奠定了其在现代工业中的地位。

自 20 世纪 80 年代初，PLC 在先进工业国家中获得了广泛应用，同时世界上生产 PLC 的国家日益增多，其产量日益上升，标志着 PLC 已经步入成熟应用阶段。至 90 年代中期，这段时间是 PLC 发展最快的时期，年增长率一直保持在 30% ~ 40%。在这一时期，PLC 在处理模拟量能力、数字运算能力、人机接口能力和网络能力方面也得到了大幅度提高，PLC 逐渐进入过程控制领域，在某些应用上取代了在过程控制领域处于统治地位的 DCS（Distributed Control System，集散控制系统）。

到 20 世纪末期，工业发展大爆发，为更加适用于现代工业，使应用 PLC 的工业控制设备的配套变得更加容易，各种各样的大型机和超小型机、特殊功能单元、人机界面单元、通信单元等产品诞生了。

纵观全世界，美国 PLC 发展最早、最快。1984 年已有 48 家厂家，生产 150 多种 PLC；1987 年有 63 家厂家，生产 243 种 PLC；1996 年有 70 余家厂家，生产近 300 种 PLC。著名厂家有艾伦—布拉德利（A - B，Allen - Bradley）公司，莫迪康（Modicon）公司，通用电气（GE - FSNUC）公司，德州仪器（TI，Texas Instruments）公司，西屋电气（Westinghouse Electric）公司，

国际并行机器（IPM, International Parallel Machines）公司等。

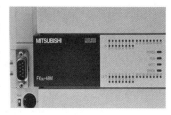

图 1-1　PLC 外观图（从左到右：A-B，西门子，三菱）

　　欧洲方面，PLC 的厂家有 60 余家。德国西门子（Siemens）于 1973 年研制出第一台 PLC。后来德国的金钟默勒（Klockner Moeller Gmbh）公司、AEG 公司和法国的 TE（Telemecanique）公司（施耐德旗下）以及瑞士的 Selectron 公司等也发展起来，在全球占有重要地位。

　　日本自从美国引进 PLC 技术，1971 年由日立（Hitachi）公司研制成功日本第一台 PLC，现在日本生产 PLC 的厂家有 40 余家，其中著名品牌有：三菱电机（Mitsubishi Electric）、欧姆龙（Omron）、富士电机（Fuji Electric）、东芝（Toshiba）、光洋（Koyo）、松下电工（MEW）、和泉（IDEC）、夏普（Sharp）、安川（Yaskawa）等。

　　国内方面，PLC 从最初的从外国引进，到后来吸收 PLC 的关键技术试图进行国产化，PLC 经过了一个迅速发展的历程，主要可以分成三个阶段。第一阶段，引进阶段。我国在 20 世纪 70 年代末和 80 年代初开始引进 PLC。我国早期参与引进 PLC 的单位有：北京机械工业自动化研究所、上海工业自动化仪表研究所、大连组合机床研究所、成都机床电器研究所、中国科学院计算技术研究所及自动化研究所、长春一汽、上海起重电器厂、上海香岛机电制造公司、上海自力电子设备厂等单位，但是，以上单位都没有形成规模化生产。第二阶段，吸收阶段。随着改革开放进行，国内 PLC 生产走合资模式。比如，辽宁无线电二厂引进德国西门子；无锡电器和日本光洋合资；中美合资的厦门 A-B 公司；上海香岛机电制造公司；上海欧姆龙公司；西安西门子公司等。第三阶段，建立品牌阶段。21 世纪以后，随着 PLC 在国内的进一步发展，国内厂商的 PLC 主要集中于小型 PLC，如欧辰、亿维等，还有一些厂商生产中型 PLC，如盟立、南大傲拓等，还有许多小厂商是贴牌生产或仿造生产，真正自主研发生产的占少数，而且集中在中国台湾，并且台湾厂商比大陆厂商做得更好些，市场也更广阔。从技术角度来看，国内外的小型PLC 差距正在缩小，如无锡信捷、兰州全志等公司生产的微型 PLC 已经比较成熟，有些国产 PLC（如和利时、凯迪帝）已经拥有符合 IEC 标准的编程软件、支持现场总线技术等。当前比较有名的品牌有台达、永宏、盟立、和利时等。图 1 - 2 显示了 2014 年和 2019 年全球 PLC 市场占比对比，可以看出，国内 PLC 品牌的竞争近年来取得非常大的进步，不过主要表现在小型 PLC 上，在大型 PLC 方面离真正批量生产、市场化经营乃至创建品牌还有很长的路要走。

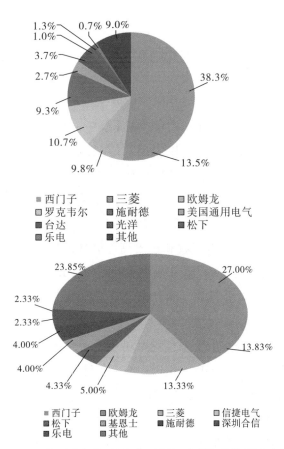

图 1 - 2  2014 年（上）和 2019 年（下）全球各品牌 PLC 市场占比

### 1.2.4  PLC 的应用领域

PLC 在工业自动化中起着举足轻重的作用，在国内外已广泛应用于机械、冶金、石油、化工、轻工、纺织、电力、电子、食品、交通等行业。经验表明，80% 以上的工业控制可以使用 PLC 来完成。在日本工业最辉煌时期，凡 8 个以上中间继电器组成的控制系统都已采用 PLC 来取代。

PLC 作为安全和精准工控手段，可控制温度、压力、气体流量、液体流量等工业需要，将原本的半自动化与手动化工作演变为自动化工作，包括常见的空气开关、压力变送器、流量表等。从控制内容看，PLC 主要应用于以下几方面：

（1）开环控制。开关量的开环控制是 PLC 的最基本控制功能。PLC 的指令系统具有强大的逻辑运算能力，很容易实现定时、计数、顺序（步进）等各种逻辑控制。大部分 PLC 就是用来取代传统的继电器接触控制系统的。

（2）模拟量闭环。模拟量的闭环控制系统中，除了要有开关量的输入/输出外，还要有模拟量的输入/输出点，以便采样输入和调节输出，实现对温度、流量、压力、位移、速度等参数的连续调节与控制。目前的 PLC 不但大型、中型机具有这种功能，一些小型机也具有这种功能。

（3）数字量控制。控制系统具有旋转编码器和脉冲伺服装置（如步进电动机）时，可利用 PLC 获得接收和输出高速脉冲的功能，实现数字量控制。较为先进的 PLC 还专门开发了数字控制模块，可实现曲线插补功能，2010 年后又推出了新型运动单元模块，能提供数字量控制技术的编程语言，使 PLC 更容易实现数字量控制。

（4）数据采集监控。由于 PLC 主要用于现场控制，因此采集现场数据是十分必要的功能。在此基础上，将 PLC 与上位计算机或触摸屏相连接，既可以观察这些数据的当前值，又能及时进行统计分析。有的 PLC 具有数据记录单元，可以用一般个人电脑的存储卡插入该单元中，以保存采集到的数据。PLC 的另一个特点是自检信号多，利用这个特点，PLC 控制系统可以实现自诊断式监控，减少系统的故障，增强系统的可靠性。

## 1.2.5　PLC 的基本性能指标

PLC 通过运行程序实现控制，不断扩大控制规模，发挥 PLC 多种多样的作用，其基本性能可从以下几方面予以概括：

（1）工作速度。指 PLC 扫描 1000 步用户程序所需的时间，即 PLC 的 CPU 执行指令的速度及对急需处理的输入信号的响应速度，一般以 ms/千步为单位。这个时间越短越好，现已从微秒级缩短到零点微秒级，随着微处理器技术的进步，这个时间还在缩短。工作速度是 PLC 工作的基础，其关系到 PLC 对输入信号的响应速度，是 PLC 对系统的控制是否及时的反映。控制不及时，就不可能准确与可靠，特别是对一些需作快速响应的系统。这就是把工作速度作为 PLC 第一指标的原因。

（2）I/O 点数。其与 PLC 外部输入、输出电路数有关。其代表 PLC 控制能力，看其能对多少输入/输出点及对多少路模拟进行控制。如控制规模为 1024点，那就得有 1024 条 I/O 电路。点数多，系统的存储器输入/输出的信号区（输入/输出继电器区或称输入/输出映射区）也大。I/O 点数是 PLC 划分为微、小、中、大和特大型的重要指标。

（3）内存大小。其用来衡量 PLC 所能存储用户程序的多少。内存越大，能存储的用户程序越长，PLC 指令条数越多，指令的功能也越强，能对点数更多的系统进行控制。内存器件种类越多、数量越多，越便于 PLC 进行种种逻辑量及模拟控制。内存大小也是代表 PLC 性能的重要指标。

（4）指令系统条数。指 PLC 具有的基本指令和高级指令的种类和数量，种类、数量越多，软件功能越强。

（5）编程元件的种类和数量。编程元件指输入继电器、输出继电器、辅助继电器、定时器、计数器、通用“字”寄存器、数据寄存器及特殊功能继电器等，其种类和数量是衡量 PLC 的一个指标。

除了以上五方面指标外，还有组成模块数量、支持软件数量和可靠控制等技术指标。此外，还要考虑经济指标。经济指标最简单的就是看价格。一般来说，同样技术性能的 PLC，价格越低，其经济指标就越好；还有就是要看供货情况、技术服务等。

例如，三菱的 FX2N – 48MR 的主要技术数据如下：

工作电源：24V DC

输入点数：24

输出点数：24

输入信号类型：直流或开关量

输入电流：24V DC　5mA

模拟输入：– 10V ~ + 10V（– 20mA ~ + 20mA）

输出晶体管允许电流：0.3A/点（1.2A/COM）

输出电压规格：30V DC

最大负载：9W

输出反应时间：Off→On　20μs　On→Off　30μs

基本指令执行时间：数个 μs

程序语言：指令 + 梯形图 + SFC

程序容量：3792STEPS

基本顺序指令：32 个（含步进梯形指令）

应用指令：100 种

初始步进点：S0 ~ S9

一般步进点：118 点，S10 ~ S127

辅助继电器：一般用 512 + 232 点（M000 ~ M511 + M768 ~ M999）

　　　　　　　停电保持用 256 点（M512 ~ M767）

　　　　　　　特殊用 280 点（M1000 ~ M1279）

定时器：100ms 时基 64 点（T0 ~ T63）

　　　　　10ms 时基 63 点（T64 ~ T126，M1028 为 ON 时）

　　　　　1ms 时基 1 点（T127）

计数器：一般用 112 点（C000 ~ C111，16 位计数器）

　　　　　停电保持用 16 点（C112 ~ C127，16 位计数器）

　　　　　高速用 13 点 1 相 5kHz，2 相 2kHz（C235 ~ C254，全部为停电保持 32 位计数器）

数据寄存器：一般用 408 点（D000 ~ D407）

　　　　　　　停电保持用 192 点（D408 ~ D599）

特殊用 144 点（D1000～D1143）

指针/中断：P64 点；I4 点（P0～P63/I001、I101、I201、I301）

串联通信口：程序写入/读出通信口：RS232

一般功能通信口：RS485

主机电源：220V　AC

## 1.2.6　PLC 的发展趋势

从市场发展趋势看，伴随着国内工控水平的不断提升与新工业时代革命的到来，国内 PLC 持续发展，并在新能源、环保等新兴行业中不断取得业务突破点。以国内市场为例，据统计，如图 1-3 所示，2020 年中国 PLC 行业市场规模为 125 亿元，同比上升 9.65%，未来在自动化升级和智能制造的逻辑下，PLC 市场规模有望持续扩张。

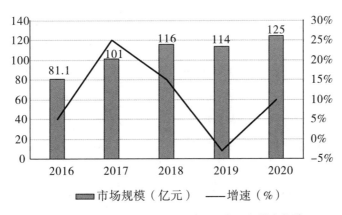

图 1-3　2016—2020 年中国 PLC 行业市场规模变化情况

2020 年国内 PLC 市场中西门子市场占有率高达 44.3%，如图 1-4 所示，独揽近一半国内 PLC 市场份额。西门子的产品多以中大型 PLC 为主，依靠自身强大的技术与行业实力，西门子中大型 PLC 产品能够持续获得较高的毛利率与市场份额。三菱、欧姆龙、罗克韦尔等厂商的市场占有率紧随其后，产品覆盖大中小型 PLC。国内 PLC 市场仍然以外资品牌为主，西门子、三菱、欧姆龙、罗克韦尔、台达和施耐德六家外资品牌 2020 年在国内 PLC 市场占有率高达 83.1%，本土 PLC 厂商的占有率不足两成，伴随着国内技术的进步，国产 PLC 市场占有率有望提升。

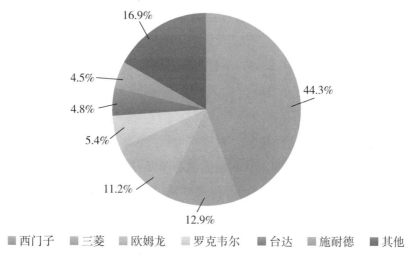

西门子　三菱　欧姆龙　罗克韦尔　台达　施耐德　其他

图 1-4　2020 年各品牌 PLC 中国市场份额占比情况

从 PLC 的技术发展趋势看，随着半导体技术、计算机技术和通信技术的发展，工业控制领域已有翻天覆地的变化，特别是工业 4.0 时代到来，PLC 亦在不断地朝着新的技术发展。除此之外，人工智能的崛起也要求传统 PLC 做出改变，深度学习算法与大数据技术将进一步应用于 PLC 之中，智能生产、优化决策、大数据赋能、精准执行和柔性生产等将成为 PLC 未来发展的重要方向。

首先，从产品规模上看，PLC 将朝两极化发展。一方面，PLC 产品规模将向速度更快、性价比更高的小型和超小型 PLC 发展，以适应单机及小型自动控制的需要（超小型化）；另一方面，PLC 产品规模将向高速度、大容量、技术完善的大型 PLC 发展（超大型化）。同时，随着复杂系统控制的要求越来越高、微处理器和计算机技术的不断发展，客户对 PLC 信息处理速度的要求越来越高，对用户存储器容量的要求越来越高，PLC 将向高速度、大存储容量方向发展（比如，CPU 处理速度 nS 级；内存 2M 字节）。

其次，随信息时代的深入，PLC 将朝通信网络化发展。PLC 网络控制是当前控制系统和 PLC 技术发展的潮流，PLC 与 PLC 之间的联网通信、PLC 与上位计算机的联网通信已得到广泛应用。目前，PLC 制造商都在发展自己专用的通信模块和通信软件，以加强 PLC 的联网能力，各 PLC 制造商之间也在协商制定通用的通信标准，以构成更大的网络系统，加强联网和通信的能力。PLC 已成为集散控制系统不可缺少的组成部分。

再次，从兼容性上看，PLC 将向与驱动器一体化方向发展。随着 PLC 在产品技术和解决方案上对软件能力的要求越来越高，单一维度的通用产品未来将难以满足市场的需求，一体化专机将成为未来的发展趋势；"控制 + 驱动"一体化将成为行业内各工业自动化控制设备厂商的发展方向，通过 PLC 和驱动器产品的一体化，可极大地降低和减小系统成本与体积、提升系统总体性能。因此，产品将向更加规范化、标准化（硬件、软件兼容的 PLC）发展。

最后，从结构上看，PLC 产品将向模块化、智能化发展。为满足工业自动化各种控制系统的需要，控制的开放和模块化的体系结构将成为 PLC 发展的目标之一。近年来，PLC 制造商先后开发了不少新器件和模块，如智能 I/O 模块、温度控制模块和专门用于检测 PLC 外部故障的专用智能模块等，这些模块的开发和应用不仅增强了功能，扩展了 PLC 的应用范围，还增强了系统的可靠性。

总之，"工控 + 互联网 + 智能"成为 PLC 发展的新趋势。工业 3.0 实现了生产的自动化，使大量的自动化控制系统及仪表设备得以应用；工业 4.0 将实现生产的智能化，突破的重点由自动化设备转向智能化软件，通过把行业知识和经验写入智能软件，打造"智慧工业大脑"，实现降本增效、安全可控、绿色环保的智能化生产过程。互联网能力的提升是目前 PLC 技术的重要发展方向之一，伴随着工业生产规模的不断扩大，对传统的单一设备控制、小范围控制的 PLC 设备的需求正在逐步缩减，生产规模的扩大与生产中的规模效应对大型 PLC 设备提出了跨设备、跨厂区的新需求。在 5G 技术进一步落地的背景之下，技术与需求端倒逼 PLC 的通信能力提升，"互联网 +"成为 PLC 发展的必经之路。

# 1.3　PLC 的结构和分类

PLC 是微机技术与传统的继电器接触控制技术相结合的产物，它克服了继电器接触控制系统中机械触点的接线复杂、可靠性低、功耗高、通用性和灵活性差的缺点，充分利用了微处理器的优点，又照顾到现场电气操作维修人员的技能与习惯，特别是 PLC 的程序编制，不要求掌握专业的计算机编程语言知识，而是采用了一套以继电器梯形图为基础的简单指令形式，使用户程序编制形象、直观、方便易学；调试与查错也都很方便。下面简单介绍 PLC 的结构与分类。

## 1.3.1　PLC 的结构及各部分的作用

PLC 的类型繁多，功能和指令系统也不尽相同，但结构与工作原理大同小异，通常由主机、输入/输出（I/O）接口、电源、编程器、输入/输出（I/O）扩展单元、外部设备接口等几个主要部分组成，如图 1－5 所示。

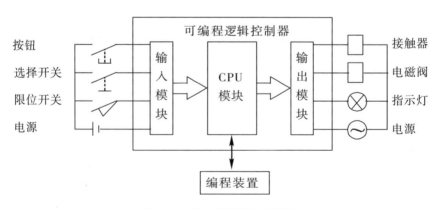

**图 1－5　PLC 的硬件系统结构**

1. 主机

主机部分包括中央处理器（CPU）、系统程序存储器和用户程序及数据存储器。CPU 是 PLC 的核心，它用于运行用户程序、监控输入/输出接口状态、作出逻辑判断和进行数据处理，即读取输入变量、完成用户指令规定的各种操作，将结果送到输出端，并响应外部设备（如编程器、电脑、打印机等）的请求以及进行各种内部判断等。PLC 的内部存储器有两类，一类是系统程序存储器，主要存放系统管理和监控程序及对用户程序作编译处理的程序，系统程序已由厂家固定，用户不能更改；另一类是用户程序及数据存储器，主要存放用户编制的应用程序及各种暂存数据和中间结果。

2. 输入/输出（I/O）接口

I/O 接口是 PLC 与输入/输出设备连接的部件。输入接口接收输入设备（如按钮、传感器、触点、行程开关等）的控制信号。输出接口是将主机中经处理后的结果通过功放电路去驱动输出设备（如接触器、电磁阀、指示灯等）。I/O 接口一般采用光电耦合电路，以减少电磁干扰，从而提高可靠性。I/O 点数即输入/输出端子数是 PLC 的一项主要技术指标，通常小型机有几十个点，中型机有几百个点，大型机超过千个点。

3. 电源

图 1-5 中的电源是指为 CPU、存储器、I/O 接口等内部电子电路工作所配置的直流开关稳压电源，通常也为输入设备提供直流电源。

4. 编程器

编程器是 PLC 的一种主要外部设备，用于手持编程，用户可用于输入、检查、修改、调试程序或监视 PLC 的工作情况。除手持编程器外，还可通过适配器和专用电缆线将 PLC 与电脑连接，并利用专用的工具软件进行电脑编程和监控。

5. 输入/输出（I/O）扩展单元

I/O 扩展接口用于连接扩充外部输入/输出端子数的扩展单元与基本单元（即主机）。PLC 的对外功能主要是通过各种输入/输出模组与外界联系的。按 I/O 点数确定模组规格及数量，I/O 模组可多可少，但其最大数受 CPU 所能管理的基本配置的能力，即最大的底板或机架槽数限制。I/O 模组集成了 PLC 的 I/O 电路，其输入暂存器反映输入信号状态，输出点反映输出锁存器状态。输入单元是用来联结、撷取输入元件的信号动作，并透过内部汇流排将资料送进记忆体，由 CPU 处理驱动程序指令部分的。PLC 输入模组系统的架构和输入模组产品的选择端视需要根据监测的输入信号位准而定。来自不同类型的被监测的感测器与流程控制的变量信号，可以涵盖从 ±10mV 至 ±10V 的输入信号范围。输出单元是用来驱动外部负载的界面的，主要原理是 CPU 以处理书写于 PLC 内的程序指令，判断驱动输出单元，进而控制外部负载，如指示灯、电磁接触器、继电器、气（油）压阀等。PLC 输出模组在工业环境中用来控制制动器、气阀及马达等。PLC 系统类比输出范围包括 ±5V、±10V、0V 到 5V、0V 到 10V、4mA 到 20mA、0 到 20mA 等。

6. 外部设备接口

外部设备接口可将编程器、打印机、条码扫描仪等外部设备与主机相连，以完成相应的操作。外部设备是 PLC 系统不可分割的一部分，它有两大类编程设备——简易编程器和智慧图形编程器，用于编程、对系统作一些设定、监控 PLC 及 PLC 所控制的系统的工作状况。编程器是 PLC 开发应用、监测运行、检查维护不可缺少的器件，但它不直接参与现场控制运行。

监控设备：资料监视器和图形监视器。直接监视资料或通过画面监视资料。

存储设备：有存储卡、存储磁带、软碟或唯读记忆体，用于永久性地存储用户资料，使用户程序不丢失，如 EPROM、EEPROM 读写器等。

输入/输出设备：用于接收信号或输出信号，一般有条码读入器、输入模拟量的电位器、印表机等。

## 1.3.2 PLC 两种常用分类

### 1. 按 I/O 点数和功能分类

可编程逻辑控制器用于对外部设备的控制，外部信号的输入、PLC 运算结果的输出都要通过 PLC 输入/输出端子来进行接线。输入/输出端子的数目之和被称作 PLC 的输入/输出点数，简称 I/O 点数。由 I/O 点数的多少，可将PLC 分成小型、中型和大型。

小型 PLC 的 I/O 点数小于 256 点，以开关量控制为主，具有体积小、价格低的优点。可用于开关量的控制、定时/计数的控制、顺序控制及少量模拟量的控制场合，代替继电器—接触器控制在单机或小规模生产过程中的使用。

中型 PLC 的 I/O 点数在 256 ~ 1024 点之间，功能比较丰富，兼有开关量和模拟量的控制能力，适用于较复杂系统的逻辑控制和闭环过程的控制。

大型 PLC 的 I/O 点数在 1024 点以上，用于大规模过程控制、集散式控制和工厂自动化网络。

**2. 按结构形式分类**

PLC 可分为整体式结构和模块式结构两大类。

整体式 PLC，是将 CPU、存储器、I/O 部件等组成部分集于一体，安装在印刷电路板上，并连同电源一起装在一个机壳内，形成一个整体，通常称为主机或基本单元。整体式 PLC 具有结构紧凑、体积小、重量轻、价格低的优点。小型或超小型 PLC 多采用这种结构。

模块式 PLC，是把各个组成部分做成独立的模块，如 CPU 模块、输入模块、输出模块、电源模块等。将各模块做成插件式，组装在一个具有标准尺寸并带有若干插槽的机架内。模块式结构的 PLC 配置灵活，装配和维修方便，易于扩展。一般大中型 PLC 采用这种结构。

# 1.4　PLC 的工作原理

PLC 是采用"顺序扫描，不断循环"的方式工作的。在 PLC 运行时，CPU 根据用户按控制要求编制好并存于用户存储器中的程序，按指令步序号（或地址号）作周期性循环扫描。如无跳转指令，则从第一条指令开始逐条按顺序执行用户程序，直至程序结束，然后重新返回第一条指令，开始下一轮新的扫描。在每次扫描过程中，还要完成对输入信号的采样和对输出状态的刷新等工作。

如图 1-6 所示，PLC 扫描一个周期必经输入采样、程序执行和输出刷新三个阶段：

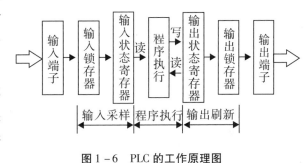

图 1-6　PLC 的工作原理图

（1）输入采样阶段：首先 PLC 以扫描方式按顺序将所有暂存在输入锁存器中的输入端子的通断状态或输入数据读入，并将其写入各自对应的输入状态寄存器中，即刷新输入。随即关闭输入端口，进入程序执行阶段。

（2）程序执行阶段：PLC 按用户程序指令存放的先后顺序扫描、执行每条指令，执行的结果再写入输出状态寄存器中，输出状态寄存器中所有的内容随着程序的执行而改变。

（3）输出刷新阶段：当所有指令执行完毕，输出状态寄存器的通断状态在输出刷新阶段送至输出锁存器中，并通过一定的方式（继电器、晶体管或晶闸管）输出，驱动相应输出设备工作。当扫描用户程序结束后，PLC 就进入输出刷新阶段。在此期间，CPU 按照 I/O 映像区内对应的状态和数据刷新所有的输出锁存电路，再经输出电路驱动相应的外部设备。这才是 PLC 的真正输出。

例：

程序 1：

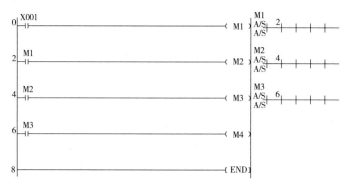

程序 2：

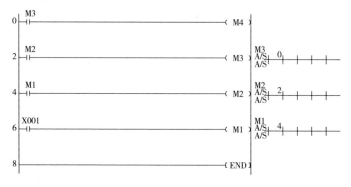

图 1-7　PLC 梯形图

　　这两段程序执行的结果完全一样，但在 PLC 中执行的过程不一样。程序 1 只用一次扫描周期，就可完成对 M4 的刷新；程序 2 则需要用四次扫描周期，才能完成对 M4 的刷新。

　　这两个例子说明：同样的若干条梯形图，其排列次序不同，执行的过程不同，执行的结果却相同。采用扫描用户程序的运行结果与用继电器控制装置的硬逻辑并行的运行结果有所区别。当然，如果扫描周期所占用的时间对整个运行来说可以忽略，那么二者之间就没有什么区别了。

　　以上是一般的 PLC 工作原理，但在现代出现的比较先进的 PLC 中，输入映像刷新循环、程序执行循环和输出映像刷新循环已经各自独立地工作，提高了 PLC 的执行效率。在实际的工控应用中，编程人员应当知道以上的工作原理，才能编写出质量好、效率高的工艺程序。一般来说，PLC 的扫描周期包括自诊断、通信等，即一个扫描周期等于自诊断、通信、输入采样、程序执行、输出刷新等所有时间的总和。

# 第 2 章　三菱系列 PLC

**本章概述**

　　本章主要简要介绍三菱 FX 系列 PLC 的命名方式，首先着重列举 FX3G 系
列 PLC 的主要特点和性能参数；然后详细介绍三菱 FX 系列 PLC 的内部元件，
比如输入/输出和辅助继电器、状态元件、定时器、计数器、寄存器和指针
等；最后介绍 FX3G 系列对应的编程软件 GX – Works2。

## 2.1　三菱 FX 系列 PLC 的命名

　　根据三菱 FX 系列的命名规则，本节将介绍下编 PLC 实训所使用的实验设
备 FX3G 系列，包括其特点和性能参数等。

　1. FX 系列 PLC 型号的含义

　　一般在 PLC 外观的显眼处标有表示该 PLC 型号的符号，通过阅读该符号
即可获得该 PLC 的基本信息。下面是 FX 系列可编程逻辑控制器型号命名的基
本格式以及相关含义：

　　如图 2 - 1 所示，对应（1）~（5）各框内符号的含义如下：

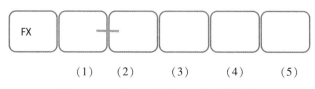

图 2 - 1　三菱 FX 系列 PLC 命名的格式

（1）系列序号：0，0S，0N，1，2，2C，1S，2N，2NC，3U，3G，Q 等。

（2）I/O 总点数：4～256 等。

（3）单元类型：

M——基本单元；

E——输入/输出混合扩展模块；

EX——输入专用扩展模块；

EY——输出专用扩展模块。

（4）输出形式：

R——继电器输出；

T——晶体管输出：T1（漏型），T2（源型）；

S——晶闸管输出。

（5）特殊品种区别：

AC——AC 电源，AC 输入；

DC——DC 电源；

D——DC 输入（漏型/ 源型）；

H——大电流输出扩展模块（1A/1 点）；

V——立式端子排的扩展模块；

C——接插口输入/输出方式；

F——输入滤波器 1ms 的扩展模块；

L——TTL 输入型扩展模块；

S——独立端子（无公共端）扩展模块。

例 1：FX3G - 40MR/DS 的含义是：FX3G 系列，输入/输出总点数为 40 点（输入：24 点/ 输出：16 点），继电器输出，DC 电源，DC 源型输入的基本单元。

例 2：FX - 4EYSH 含义是：FX 系列，输入点数为 0 点，输出点数为 4 点，晶闸管输出，大电流输出扩展模块。

2. FX 系列 PLC 家族

FX 系列 PLC 具有庞大的家族。先后出现的基本单元（主机）有 FX0、FX0S、FXON、FX1、FX2、FX2C、FX1S、FX2N、FX2NC、FX3U、FX3G、Q 等 12 个系列。每个系列又有 14、16、32、48、64、80、128、256 点等不同输

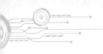

入/输出点数的机型。每个系列还有继电器输出、晶体管输出、晶闸管输出三种输出形式。

# 2.2　三菱 FX3G 系列简介

三菱 FX3G 系列是三菱的第三代 PLC，具有更加完善的扩展性，独具双总线扩展方式。其左侧总线可扩展连接模拟量/通信适配器（最多四台），数据传输效率更高，并简化了程序编制工作；右侧总线则充分考虑到与原有系统的兼容性，可连接 FX 系列传统 I/O 扩展和特殊功能模块。基本单元上还可安装两个扩展板，可完全根据客户的需要搭配出最贴心的控制系统。

三菱 FX3G 系列 PLC 本体自带两路高速通信接口（RS – 422&USB），可同步使用，通信配置选择更加灵活。晶体管输出型基本单元更内置最高三轴100kHz 脉冲输出，可使用软件编辑指令简便地进行定位设置。在程序保护方面，FX3G 有了本质的突破，可设置两级密码，区分设备制造商和最终用户的访问权限。密码程序保护功能可锁住 PLC，直到新的程序载入。

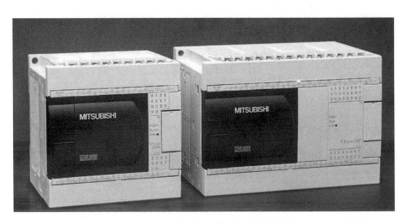

图 2 – 2　三菱 FX 系列 PLC 外观图

1. FX3G 的主要特点

FX3G 是一款紧凑型 PLC，设计简易且具备 FX3 系列的基本功能。通过强化后的内置功能及灵活的扩展性，扩大了其在各个领域中的应用。

（1）凝缩了 FX3 系列一贯的使用方便的优点。

（2）是第三代标准机型。

（3）是高灵活性、使用简便的一体化机型。

（4）适合小规模控制。

（5）高性价比。

（6）控制点数为 128 点，使用 CC - Link 远程 I/O 时最大可控制 256 点。

2. 三菱 FX3G 系列性能参数

表 2 - 1  FX3G 系列选型指南表和相关参数

**40点基本单元**

| 项目 | FX3G-40MR/DS | FX3G-40MT/DSS | FX3G-40MT/DS | FX3G-40MT/ESS |
|---|---|---|---|---|
| 输入输出点数 | 40点 | 40点 | 40点 | 40点 |
| 电源 | DC24V | DC24V | DC24V | AC100~240V |
| 输入点数 | 24点 | 24点 | 24点 | 24点 |
| 输出点数 | 16点 | 16点 | 16点 | 16点 |
| 输出形式 | 继电器输出 | 晶体管输出(源型) | 晶体管输出(漏型) | 晶体管输出(源型) |
| 消耗电量 | 25W [19W]*1 | 25W [19W]*1 | 25W [19W]*1 | 37W |
| 质量 | 0.7kg | 0.7kg | 0.7kg | 0.7kg |
| 外形尺寸 (W x H x D) mm | 130 x 90 x 86 | 130 x 90 x 86 | 130 x 90 x 86 | 130 x 90 x 86 |

（1）高速运算处理：基本指令为 $0.21\mu s$/指令；应用指令为 $0.5\mu s$/ 指令。

（2）大容量内存：内置程序内存 32000 步。可使用带程序传送功能的 EE-PROM 存储器盒。

（3）认证：对应 EN 及 UL/cUL 认证。

（4）软元件存储器：辅助继电器 7680 点；定时器 320 点；计数器 235 点；数据寄存器 8000 点；扩展寄存器 24000 点；扩展文件寄存器 24000 点。

（5）其他项目规格概要（如电源、输入/输出等）：

电源规格——AC 电源型 × 1：AC100 ~ 240V，50/60Hz；DC 电源型：DC24V。

消耗电量——AC 电源型：31W（14M），32W（24M），37W（40M），40W（60M）；DC 电源型 × 2：19W（14M），21W（24M），25W（40M），29W（60M）。

冲击电流——AC 电源型：最大 30A，5ms 以下/AC100V；最大 50A，5ms 以下/AC200V。

24V 供给电源——AC 电源型：400mA 以下。

输入规格——DC24V，5/7mA（无电压触点或漏型输入时：NPN 开路集电极晶体管；源型输入时：PNP 开路集电极晶体管）。

输出规格——继电器输出型：2A/1 点，8A/4 点 COM，AC250V（取得 CE、UL/cUL 认证时为 240V），DC30V 以下；晶体管输出型：0.5A/1 点，0.8A/4 点，DC5 ~ 30V。

输入/输出扩展可连接 FX2N 系列用扩展设备。

内置通信端口 RS – 422、USB 各 1 个通道（1ch）。

图 2 – 3　三菱 FX3G 系列 PLC 及相应参数

# 2.3　三菱 FX 系列 PLC 的内部元件

PLC 是采用软件编制程序来实现控制要求的。编程时要使用到各种编程元件，它们可提供无数个动合和动断触点。编程元件是指输入继电器、输出继电器、辅助继电器、状态继电器、定时器、计数器、通用寄存器、数据寄存器及特殊功能继电器等。FX3G 系列的编程元件的编号范围与功能说明如表 2 – 2 和表 2 – 3 所示。

## 表 2 - 2　FX3G 系列型号与规格

选择条件　➡　选择功能　➡　决定机型

| 项目 | 内容 | 端子台型 不可扩展* FX3SA/FX3S | 端子台型 可扩展 FX3GA/FX3G | 端子台型 可扩展 FX3GE | 端子台型 可扩展 FX3U | 连接器型 可扩展 FX3GC | 连接器型 可扩展 FX3UC |
|---|---|---|---|---|---|---|---|
| I/O点数 | 输入输出点数最大30点 | ✓ | ★ | ★ | ★ | ★ | ★ |
| | 输入输出点数最大128点 | | ✓ | ✓ | ★ | ✓ | ★ |
| | 输入输出点数最大256点 | | | | ✓ | | ✓ |
| | 包括链接点数最大256点 | | | | ★ | ★ | ★ |
| | 包括链接点数最大384点 | | | | ✓ | | ✓ |
| 电源 | AC电源 | ✓ | ✓ | ✓ | ✓ | | |
| | DC电源 | ✓*1 | ✓*2 | ✓ | ✓ | ✓ | ✓ |
| 输入形式 | AC100V | ✓ | ✓ | ✓ | ✓ | | |
| | DC24V | ✓ | ✓ | ✓ | ✓ | ✓ | ✓ |
| 输出形式 | 继电器输出 | ✓ | ✓ | ✓ | ✓ | | |
| | 晶体管输出 | ✓ | ✓ | ✓ | ✓ | ✓ | ✓ |
| | 双向可控硅输出 | ✓ | ✓ | | ✓ | | |
| 运算速度 | 标准速度运算 | ✓ | ✓ | ✓ | ★ | ✓ | ★ |
| | 高速运算 | | | | ✓ | | ✓ |
| 通讯端口 | USB | ✓ | ✓ | ✓ | ✓ | ✓ | |
| | RS-422 | ✓ | ✓ | ✓ | ✓ | ✓ | ✓ |
| 模拟量输入/输出(电流/电压) | 最大4通道 | ✓ | ✓ | ✓ | ✓ | ✓ | ✓ |
| | 最大8通道 | | ✓*3 | ✓*3 | ★ | ✓ | ★ |
| | 最大16通道 | | ✓ | ✓ | ✓ | ✓ | ✓ |
| | 最大64通道 | | | | ✓ | | ✓ |
| 温度传感器输入 | 输入最大4通道 | ✓ | ✓ | ✓ | ✓ | ✓ | ✓ |
| | 输入最大8通道 | | ✓*3 | ✓*3 | ★ | ✓ | ★ |
| | 输入最大16通道 | | ✓ | ✓ | ✓ | ✓ | ✓ |
| | 输入最大64通道 | | | | ✓ | | ✓ |
| | 温度控制 | | ✓ | ✓ | ✓ | ✓ | ✓ |
| 网络 | CC-Link(主站/从站) | | ✓ | ✓ | ✓ | ✓ | ✓ |
| | Ethernet | ✓ | ✓ | ✓ | ✓ | ✓ | ✓ |
| 通信 | 简易PC间链接(n:n连接)/并联链接 | ✓ | ✓ | ✓ | ✓ | ✓ | ✓ |
| | 计算机链接通讯(RS-232C/RS-485) | ✓ | ✓ | ✓ | ✓ | ✓ | ✓ |
| | 无协议通讯 1ch(RS-232C/RS-485) | ✓ | ★ | ★ | ★ | ★ | ★ |
| | 无协议通讯 多ch(RS-232C) | | ✓ | ✓ | ✓ | ✓ | ✓ |
| | 无协议通讯 多ch(RS-485) | | ✓ | ✓ | ✓ | ✓ | ✓ |
| | 通信端口扩展 RS-485 | ✓ | ✓ | ✓ | ✓ | ✓ | ✓ |
| | 通信端口扩展 RS-232C | | ✓ | ✓ | ✓ | ✓ | ✓ |
| | 通信端口扩展 USB | | | | ✓ | | |
| | MODBUS | ✓ | ✓ | ✓ | ✓ | ✓ | ✓ |
| 变频器控制 | 模拟量控制 | ✓ | ✓ | ✓ | ✓ | ✓ | ✓ |
| | 脉冲宽度调制 | ✓ | ✓ | ✓ | ✓ | ✓ | ✓ |
| | RS-485通讯 | ✓ | ✓ | ✓ | ✓ | ✓ | ✓ |
| 定位 | 1~2轴(100kHz)的内置定位 | ✓ | ✓ | ✓ | ★ | ✓ | ★ |
| | 最大3轴(100kHz)的内置定位 | | ✓*4 | ✓*4 | | | |
| | 最大4轴(200kHz)的高速输出适配器的扩展 | | | | ✓ | | |
| | 最大8轴(1MHz)的特殊扩展模块的扩展 | | | | ✓ | | ✓ |
| | 最大16轴的SSCNET III特殊扩展模块的扩展 | | | | ✓ | | ✓ |
| | 角度控制 | | | | ✓ | | |
| 高速计数 | 最大6点/最高60kHz | ✓ | ✓ | ✓ | ★ | ✓ | ★ |
| | 最大8点/最高100kHz | | | | ✓ | | ✓ |
| | 最大8点/200kHz高速计数器适配器的扩展 | | | | ✓ | | |
| | 高速计数器模块的扩展 | | | | ✓ | | ✓ |
| 数据收集 | CF卡适配器 | | | | ✓ | | ✓ |

＊：受组合限制，有时可能需要加装选配设备。能否组合的详细信息，请通过产品手册确认。

✓：具备要求功能的产品系列
★：具备更高性能或者扩展性的产品系列
＊1：只适用于FX3S
＊2：只适用于FX3G
＊3：14点/24点机型的基本单元最大可达4ch
＊4：14点/24点机型的基本单元最大可达2轴

表 2 - 3　FX3G - 40MR/DS 基本单元编程元件的编号范围与功能说明

| 元件名称 | 代表字母 | 编号范围 | 功能说明 |
|---|---|---|---|
| 输入继电器 | X | X0 ~ X23 共 24 点 | 接收外部输入设备的信号 |
| 输出继电器 | Y | Y0 ~ Y15 共 16 点 | 输出程序执行结果并驱动外部设备 |
| 辅助继电器 | M | M0 ~ M499 共 500 点 | 在程序内部使用,不能提供外部输出 |
| 状态继电器 | S | S0 ~ S499 | 对工序步进形式的控制 |
| 定时器 | T | T0 ~ T199 | 100ms 延时计时继电器,触点在程序内部使用 |
| | | T200 ~ T245 | 10ms 延时计时继电器,触点在程序内部使用 |
| 计数器 | C | C0 ~ C99 | 加法计数继电器,触点在程序内部使用 |
| 数据寄存器 | D | D0 ~ D199 | 数据处理用的数值存储元件 |
| 指针 | P、I | I0 ~ I7　P0 ~ P127 | I 中断用,P 跳跃、子程序用 |

## 2.3.1　输入/输出继电器 (X/Y)

1. 输入继电器 (X)

输入继电器是 PLC 中专门用来接收系统输入信号的内部虚拟继电器。它根据 PLC 工作原理来实现继电器的功能。它在 PLC 内部与输入端子相连,有无数个常开触点和常闭触点,这些动合、动断触点可在 PLC 编程时随意使用。这种输入继电器不能用程序驱动,只能由输入信号驱动。

FX 系列 PLC 的输入继电器采用八进制编号。基本单元输入继电器的编号是固定的,扩展单元和扩展模块从基本单元最靠近处开始,按顺序进行编号。FX3G 系列 PLC 带扩展时最多可达 256 点输入继电器,其编号为 X0 ~ X255。

2. 输出继电器 (Y)

输出继电器是 PLC 中专门用来将运算结果信号经输出接口电路及输出端子送达,并控制外部负载的虚拟继电器。它在 PLC 内部直接与输出接口电路相连,有无数个动合触点与动断触点,这些动合、动断触点可在 PLC 编程时随意使用。外部无法直接驱动继电器,它只能用程序驱动。每个输出继电器在输出单元中都对应唯一一个常开硬触点,但在程序中供编程的输出继电器,不管是常开触点还是常闭触点，都可以被无数次使用。

与输入继电器一样，基本单元的输出继电器编号是固定的，扩展单元和扩展模块的编号也是从基本单元最靠近处开始，按顺序进行编号。FX3G 系列 PLC 带扩展时最多可达 256 点输出继电器，其编号为 Y0 ~ Y255。

## 2.3.2　辅助继电器（M）

辅助继电器用于 PLC 内部编程，其线圈和触点只能在程序中使用，不能直接对外输入/输出，经常用作状态暂存等。辅助继电器采用十进制地址编号。

辅助继电器分为以下几类：

（1）通用辅助继电器 M0 ~ M499（500 点）。不管原来的状态如何，系统一旦断电，即使再次恢复通电，通用辅助继电器均恢复到 OFF 状态。

（2）断电保持辅助继电器 M500 ~ M1023（524 点）。装有后备电池，用于保存停电前的状态，并在运行时再现该状态。

（3）特殊辅助继电器 M8000 ~ M8255（256 点）。由 PLC 厂家规定了专门用途，使用时查产品说明书即可。其具有特殊功能，可以分成两大类：

一类是线圈由 PLC 自行驱动，反映 PLC 的工作状态，用户可直接利用触点。在用户程序中可直接使用其触点，但是不能出现它们的线圈。例如：

M8000（运行监控）：当 PLC 执行用户程序时，M8000 为 ON；当 PLC 停止执行时，M8000 为 OFF。

M8002（初始脉冲）：M8002 仅在 M8000 由 OFF 变为 ON 状态的一个扫描周期内为 ON，可以用 M8002 的常开触点来使有断电保持功能的元件初始化复位或给它们置初始值。

M8011 ~ M8014 分别是 10ms、100ms、1s 和 1min 时钟脉冲，属内部时钟。

M8005（电池电压降低提示）：当电池电压下降至规定值时，M8005 将变为 ON，可以用它的触点驱动输出继电器和外部指示灯，以提醒工作人员更换 PLC 的电池。

另一类是系统一旦通电可以直接驱动线圈，使 PLC 做出特定的动作，但用户并不使用它们的触点。比如：

M8020：零位标志，当出现运算结果等于零时，M8020 置位，反之，M8020 复位。

M8030：发光二极管熄灭，提示"电池电压降低"。

M8033：PLC 进入 STOP 状态后，所有输出继电器的状态保持不变。

M8034：禁止所有输出。

M8039：PLC 以 D8039 中指定的扫描时间工作。

M8040：禁止状态间转移，状态内部程序仍有动作，输出线圈不自动断开。

M8046：步进指令 STL 动作，状态接通时就会自动接通，避免与其他程序同时启动。

M8047：步进指令 STL 监控有效，则编程功能可自动读出正在动作的状态号并加以显示。

### 2.3.3　状态继电器（S）

状态继电器是对工序步进形式的控制进行简易编程所需的重要软元件，需要与步进梯形图指令 STL 组合使用。而且，在使用 SFC（Sequential Function Chart）图的编程方式中也可以使用状态继电器。

1. 状态编号与作用

不同状态的编号表示其功能参数不一样，一般来说，编号以十进制数分配，比如：

（1）通用状态元件：S0 ~ S499（500 点，S0 ~ S9 作为初始化用），根据设定的参数，可以更改为停电保持（保持）区域。

（2）停电保持用（电池保持）状态元件：S500 ~ S899（400 点），根据设定的参数，可以更改为非停电保持区域。

（3）固定停电保持专用（电池保持）状态元件：S1000 ~ S4095（3 096 点），有不能通过参数改变停电保持的特性。

（4）信号报警器用状态元件：S900 ~ S999（100 点），可以更改为非停电保持区域。

2. 状态继电器的功能和动作实例

（1）通用用法。

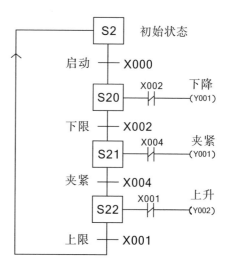

如图 2 - 4 所示的工序步进控制中，启动信号 X000 为 ON 后，状态 S20 被置位（ON），下降用电磁阀 Y001 工作。其结果是，如果下限的限位开关 X002 为 ON 的话，状态 S21 就被置位（ON），夹紧用电磁阀 Y001 工作。如确认夹紧的限位开关 X004 为 ON，状态 S22 就会被置位（ON）。随着动作的转移，状态也会被自动地复位（OFF）成移动前状态。当可编程逻辑控制器的电源断开后，通

图 2 - 4　状态转移图

用状态都变成 OFF。如果想要从停电前的状态开始运行，请使用停电保持用（保持）状态。

状态继电器与辅助继电器相同，有无数个常开触点、常闭触点，可以在顺控程序中随意使用。而且，不用于步进梯形图指令的时候，状态继电器（S）和辅助继电器（M）相同，可以在一般的顺控中使用（如图 2 - 5 所示）。

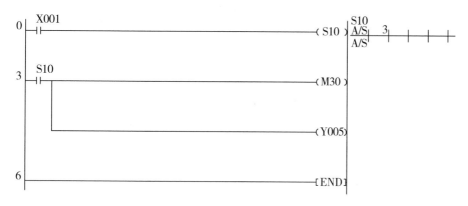

图 2 - 5　步进指令梯形图

（2）停电保持用法。

停电保持用状态就是，即使在可编程逻辑控制器的运行过程中断开电源，

也能记住停电之前的 ON/OFF 状态,并且在再次运行的时候可以从中途的工序开始重新运行。通过可编程逻辑控制器中内置的备用电池执行停电保持。停电保持用状态作为通用状态使用时,请在程序的开头附近设置如图 2 - 6 所示的复位梯形图指令。

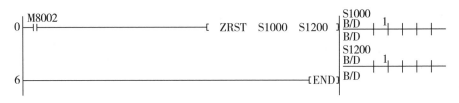

图 2 - 6  复位指令梯形图

(3) 信号报警器用法。

信号报警器用状态也可以作为诊断外部故障用的输出使用。例如,制作外部故障诊断回路,对特殊数据寄存器 D8049 的内容进行监控后,会显示出 S900 ~ S999 中动作状态的最小编号。发生多个故障时,消除最小编号的故障后,即可知道下一个故障编号。不驱动特殊辅助继电器 M8049 时,停电保持用(保持)状态与通用状态一样,可以在顺控程序内使用。状态继电器(S)可以作为辅助继电器(M)在程序中使用。但是,在 FX - PCS/WIN( - E) 软件的 SFC 编程模式下,不能将 S900 ~ S999 作为 SFC 图的工序进行编程。

### 2.3.4  定时器(T)

PLC 中的定时器(T)相当于继电器控制系统中的通电型时间继电器。它可以提供无限对常开常闭延时触点。定时器中有一个设定值寄存器(一个字长)、一个当前值寄存器(一个字长)和一个用来存储其输出触点的映像寄存器(一个二进制位)。这三个量使用同一地址编号,但使用场合不一样,意义也不同。

FX3G 系列中定时器可分为通用定时器和累计定时器两种。它们是通过对一定周期的时钟脉冲进行累计而实现计时的,时钟脉冲有周期为 1ms、10ms、100ms 三种,当所计数达到设定值时触点动作。设定值可用常数 $K$ 或数据寄存器（D）的内容来设置，其设定值范围为 1～32767。

1. 通用定时器

当计时条件为 ON 时，指定的定时器对 PLC 内部的 100ms、10ms、1ms 时钟脉冲进行累加计数，当当前值等于设定值时，定时器的常开触点接通，常闭触点断开。当计时条件变为 OFF 时，定时器被复位，常开触点断开，常闭触点接通，当前值恢复为零。通用定时器的特点：不具备断电的保持功能，即当输入电路断开或停电时，定时器复位。通用定时器有 100ms 和 10ms 两种。

（1）100ms 通用定时器（T0～T199），共 200 点，其中 T192～T199 为子程序和中断服务程序专用定时器。这类定时器对 100ms 时钟脉冲累积计数，设定值为 1～32767，所以其计时范围为 0.1～3276.7s。

（2）10ms 通用定时器（T200～T245），共 46 点。这类定时器对 10ms 时钟脉冲累积计数，设定值为 1～32767，所以其计时范围为 0.01～327.67s。

如图 2-7 所示，当输入 X0 接通时，定时器 T10 从 0 开始对 100ms 时钟脉冲进行累积计数，当计数值与设定值 K50 相等时，定时器的常开触点接通 Y0，经过的时间为 50×0.1s=5s。当 X0 断开后，定时器复位，计数值变为 0，其常开触点断开，Y0 也随之 OFF。若外部电源断电，定时器也将复位。当 X0 接通 2s 时，计数值未达到设定值 5s，X0 断开，此时 Y0 没接通。若此时外部电源断电，定时器也将复位。

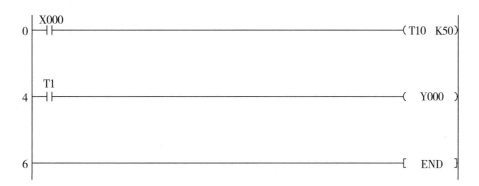

图 2-7　通用定时器使用示例

通用定时器的功能说明：

（1）时间常数与类型决定了计时时间的长短，如图 2 - 7 所示，T1 表示 100ms 通用定时器，K50 表示计时时间长短。

（2）定时器为减计数。当输入触点接通时，每来一个时钟脉冲，定时器减 1，直到减为 0。这时，定时器的常开触点闭合，常闭触点断开。当输入触点断开时，定时器复位。图 2 - 7 的时序图如图 2 - 8 所示。

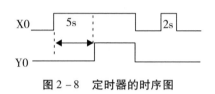

图 2 - 8　定时器的时序图

下面举例说明通用定时器的工作原理。

例 1　利用通用定时器，设计一个延时开关。要求：打开长动开关，延时 3s 接通；关闭长动开关，延时 4s 断开。

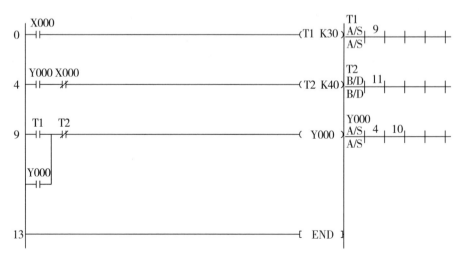

图 2 - 9　延时开关控制示例

例 1 功能说明：如图 2 - 9 所示，T1、T2 为 100ms 通用定时器，计时时长分别为 3s 和 4s。当 X0 闭合，定时器 T1 开始计时，当达到 3s 后，Y0 状态为

ON，Y0 输出，T1 的状态从 OFF 到 ON。当 X0 断开，T1 状态转为 OFF，Y0 保持 ON 状态，T2 开始计时。当达到 4s 时，T2 状态转为 ON，Y0 状态转为 OFF，Y0 断开。

例 2　试设计一个振荡电路，状态变化如图 2 – 10 所示。

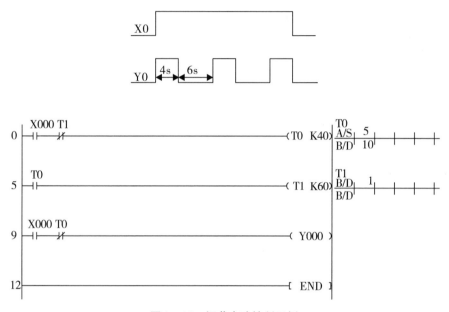

图 2 – 10　振荡电路控制示例

例 2 功能说明：当接通 X0，Y0 状态从 OFF 到 ON，定时器 T0 开始计时，当达到 4s 时，T0 状态从 OFF 到 ON，Y0 状态从 ON 到 OFF，同时定时器 T2 开始计时；当达到 6s 时，T1 状态从 OFF 到 ON，T0 状态从 ON 到 OFF，Y0 状态从 OFF 到 ON，同时 T1 状态变为 OFF，然后回到 X0 接通时的开始状态。这样循环下去，Y0 接通 4s，然后断开 6s，形成一个振荡电路。

2. 累计定时器

累计定时器具有计数累积的功能。在计时过程中，如果断电或定时器线圈 OFF，累计定时器将保持当前的计数值（当前值），通电或定时器线圈 ON 后继续累积。即其当前值具有保持功能，只有将累计定时器复位，当前值才变为 0。

（1）1ms 累计定时器（T246～T249）共 4 点，是对 1ms 时钟脉冲进行累积计数的，计时的时间范围为 0.001～32.767s。

（2）100ms 累计定时器（T250～T255）共 6 点，是对 100ms 时钟脉冲进行累积计数的，计时的时间范围为 0.1～3276.7s。

以下举例说明累计定时器的工作原理。如图 2－11 所示，当 X0 接通时，T246 当前值计数器开始累积 1ms 时钟脉冲的个数。若 X0 经 600ms 后断开，而 T246 尚未计数到设定值 K1000，其计数的当前值保留。当 X0 再次接通，T246 从保留的当前值开始继续累积，经过 400ms 时间，当前值达到 K1000，定时器触点动作。累积的时间为 600＋400＝1×1000＝1000ms。当复位输入 X1 接通时，定时器才复位，当前值变为 0，触点也随之复位。

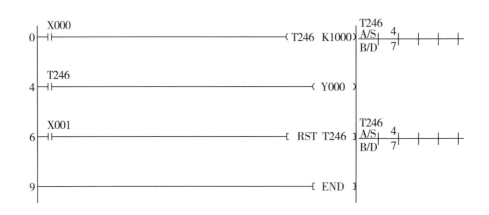

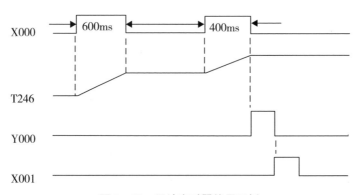

图 2－11　累计定时器使用示例

## 2.3.5　计数器（C）

计数器是对内部元件 X、Y、M、S、T、C 的信号进行计数。基本原理：计数信号每接通一次（上升沿到来），计数器的当前值加 1，当前值达到设定值时，计数器触点动作；复位信号接通时，计数器复位。计数器处于复位状态时，当前值清 0，触点复位，且不计数。FX3G 系列计数器分为内部计数器和高速计数器两类。

1. 内部计数器

内部计数器是在执行扫描操作时对内部信号（如 X、Y、M、S、T 等）进行计数。内部输入信号的接通和断开时间应比 PLC 的扫描周期稍长。计数器的符号为 C，地址编号使用十进制，其设定值等于计数脉冲的个数，用常数 $K$ 设定。

（1）16 位增计数器（C0～C199）共 200 点。

C0～C99 为通用型，设定值区间为 K1～K32767。

C100～C199 为断电保持型，断电保持计数器在外界停电后能保持当前计数值不变，恢复来电后能累计计数。这类计数器为递加计数，应用前先对其设置一设定值。当输入信号（上升沿）个数累加到设定值时，计数器动作，其常开触点闭合、常闭触点断开。计数器的设定值为 1～32767（16 位二进制），设定值除了用常数 $K$ 设定外，还可间接通过指定数据寄存器设定。

下面举例说明通用型 16 位增计数器的工作原理。如图 2-12 所示，X10 为复位信号，当 X10 为 ON 时，C0 复位。X11 是计数输入，每当 X11 接通一次，计数器当前值增加 1（注意 X10 断开时，计数器不会复位）。当计数器计数当前值为设定值 10 时，计数器 C0 的输出触点动作，Y0 被接通。此后即使输入 X11 再接通，计数器的当前值也保持不变。只有当复位输入 X10 接通时，才执行 RST 复位指令，计数器复位当前值 0，输出触点 C0 也复位，Y0 被断开。

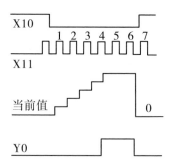

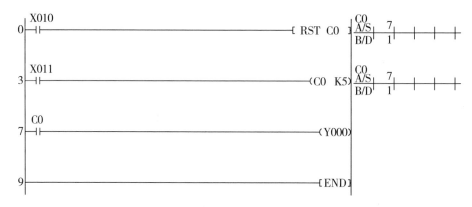

图 2 - 12　通用型 16 位增计数器使用示例

通用型计数器功能说明：复位信号接通时，计数器复位，装入初始值；复位信号断开时，每来一个计数脉冲，计数器减 1，直到减为 0，计数器的常开触点接通，常闭触点断开。

（2）32 位增/减计数器（C200 ~ C234）。

C200 ~ C219（共 20 点）为通用型；C220 ~ C234（共 15 点）为断电保持型。这类计数器与 16 位增计数器除位数不同外，还在于它能通过控制实现加/减双向计数。设定值范围均为 -214783648 ~ +214783647（32 位）。

C200 ~ C234 是增计数还是减计数，分别由特殊辅助继电器 M8200 ~ M8234 设定。对应的特殊辅助继电器被置为 ON 时，为减计数；置为 OFF 时，为增计数。

计数器的设定值与 16 位计数器一样，可直接用常数 K 或间接用数据寄存器（D）的内容作为设定值。在间接设计时，要用编号紧连在一起的两个数据计数器。

提示：通用型与断电保持型计数器的区别与定时器中的区别相似，若输入脉冲未达到设定值就发生断电，通用型计数器将立即复位，其计数当前值立即被清除。而断电保持型计数器的计数当前值和触点的状态均被保持。当再次通电后，只要复位信号从未对计数器进行复位，断电保持型计数器就将在原来计数值的基础上，继续增加计数，直到计数当前值等于设定值。

2. 高速计数器（C235～C255）

高速计数器与内部计数器相比，除允许高输入频率之外，应用也更为灵活。高速计数器均有断电保持功能，通过参数设定也可变成非断电保持。FX3G 有 C235～C255 共 21 点高速计数器，适合用来作为高速计数器输入的 PLC 输入端口有 X0～X7。X0～X7 不能重复使用，即某一个输入端已被某个高速计数器占用，它就不能再用于其他高速计数器，也不能用作它用。

一般来讲，可用编程或中断方式控制高速计数器的计数或复位。高速计数器若按中断方式工作，其驱动逻辑必须始终有效，且不能像普通计数器那样用产生脉冲信号的端子来驱动。

下面举例定时器与计数器组合控制的应用，如图 2-13 所示。

例 3 试编写一个长延时电路（定时器与计数器组合）PLC 控制电路。

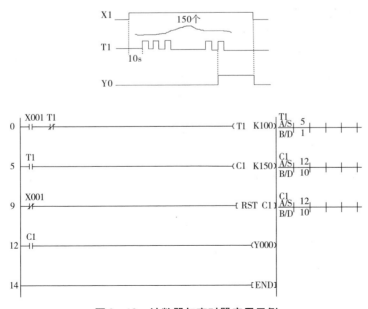

图 2-13 计数器与定时器应用示例

功能说明：接通 X1，T1 开始计时，10s 后，T1 由 OFF 转为 ON，C1 开始计数，当前值由 150 减为 149；同时 T1 触点断开，T1 由 ON 变为 OFF，T1 常闭触点接通，T1 再次开始计时……就这样循环 150 次，直到 C1 由 OFF 变成 ON，Y0 状态同时变为 ON。断开 X1，C1 复位为 OFF，Y0 变为 OFF。

## 2.3.6　数据寄存器（D）

PLC 在进行输入/输出处理、模拟量控制、位置控制时，需要许多数据寄存器存储数据和参数。数据寄存器为 16 位，最高位为符号位。可用两个数据寄存器来存储 32 位数据，最高位仍为符号位。数据寄存器有以下几种类型：

（1）通用数据寄存器（D0 ~ D199）共 200 点。当特殊功能辅助继电器 M8033 为 ON 时，D0 ~ D199 有断电保持功能，可以保留原来数据寄存器中保存的内容；当 M8033 为 OFF 时，它们无断电保护功能，这种情况 PLC 由 RUN→STOP 或停电时，数据全部清零。

（2）断电保持数据寄存器（D200 ~ D7999）共 7800 点。其中 D200 ~ D511（共 312 点）有断电保持功能，可以利用外部设备的参数设定改变通用数据寄存器与断电保持数据寄存器的分配。D490 ~ D509 供通信用；D512 ~ D7999 的断电保持功能不能用软件改变，但可用指令清除它们的内容。根据参数设定可以将 D1000 以上的作为文件寄存器。

（3）特殊数据寄存器（D8000 ~ D8255）共 256 点。特殊数据寄存器的作用是监控 PLC 的运行状态，如扫描时间、电池电压等。特殊数据寄存器中的内容是在 PLC 通电后，由系统的监控程序写入，有些可读写，有些只读。未加定义的特殊数据寄存器，用户不能使用。具体可参见用户手册。

（4）变址寄存器（V/Z）。FX3G 系列 PLC 有 V0 ~ V7 和 Z0 ~ Z7 共 16 个变址寄存器，它们都是 16 位的寄存器。变址寄存器（V/Z）实际上是一种特殊用途的数据寄存器，其作用相当于微机中的变址寄存器，用于改变元件的编号（变址）。如 V0 = 5，则执行 D20V0 时，被执行的编号为 D25（D20 + 5）。变址寄存器可以像其他数据寄存器一样进行读写，需要进行 32 位操作时，可将 V、Z 串联使用（Z 为低位，V 为高位）。

### 2.3.7　指针（P、I）

在 FX 系列中，指针用来指示分支指令的跳转目标和中断程序的入口标号，分为分支用指针和中断用指针，其中中断用指针又分为输入中断用指针、定时器中断用指针和计数器中断用指针。

1. 分支用指针（P0 ~ P127）

FX3G 有 P0 ~ P127 共 128 点分支用指针。分支用指针能指示跳转指令（CJ）的跳转目标或利用子程序调用指令（CALL）调用子程序的入口地址。P 指针在整个程序中只允许出现一次，但可以多次调用。

如图 2 - 14 所示，当 X1 常开接通时，执行跳转指令 CJP0，由 PLC 跳到标号为 P0 处之后的程序去执行，中间 X2 这一行被省去。

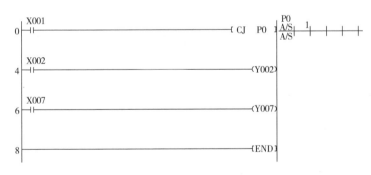

图 2 - 14　分支用指针应用示例

2. 中断用指针（I0□□ ~ I8□□）

中断用指针用于指示某一中断程序的入口位置。执行中断后遇到 IRET（中断返回）指令，则返回主程序。中断用指针有以下三种类型：

（1）输入中断用指针（I00□ ~ I50□）共 6 点，用于指示因特定输入端的输入信号而产生中断的中断服务程序的入口位置，这类中断不受 PLC 扫描周期的影响，可以及时处理外界信息。输入中断用指针的编号格式如图 2 - 15 所示：I101 为当输入 X1 从 OFF→ON，即上升沿中断变化时，执行以 I101 为标号的后面的中断程序，并根据 IRET 指令返回。

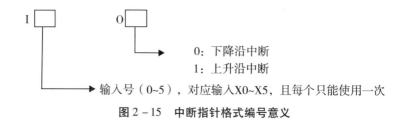

图 2 - 15　中断指针格式编号意义

（2）定时器中断用指针（I6□□ ~ I8□□）共 3 点，用于指示因周期计时而产生中断的中断服务程序的入口位置，这类中断的作用是 PLC 以指定的周期计时执行中断服务程序，计时循环处理某些任务，处理的时间也不受 PLC 扫描周期的限制。□□表示计时范围，可在 10 ~ 99ms 中选取。

（3）计数器中断用指针（I010 ~ I060），共 6 点，用于 PLC 内置的高速计数器。根据高速计数器中计数当前值与计数设定值的关系，确定是否执行中断服务程序。它常用于利用高速计数器优先处理计数结果的场合。

# 2.4　PLC 编程软件介绍

功能丰富并以操作简便为特点的 MELSOFT 软件，从选型到日常的数据收集，着眼于"设计""调试·启动""运用"和"维护"四点，在 FA 的各种领域发挥巨大作用。与 FX 系列相关的代表性软件有：

（1）GX Works2：用于 FX、Q、L 系列的编程。

（2）MX Component、MX Sheet、MX Works：设置 PLC 与电脑间通信的软件。

（3）FX Configurator - FP 和 FX Configurator - EN - L：进行定位或通信设定的软件。

（4）GT Works3：GOT 画面设计软件。

GX Works2 是本书实训部分的主要软件，支持中文版本，操作系统环境为 Microsoft Windows 95/98/Me/NT/2000/XP/Vista/7（32 位/64 位）/8（32 位/64 位）/8.1（32 位/64 位）。其运行界面如图 2 - 16 所示，这款软件的主要特点有以下几个方面：

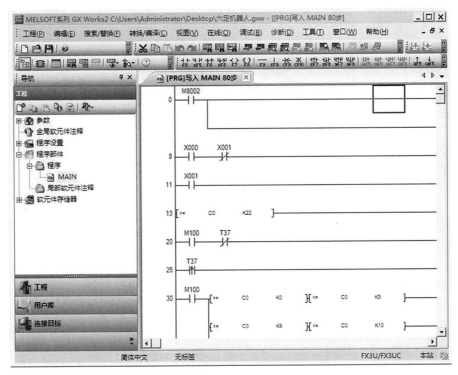

图 2 - 16　GX Works2 软件运行界面

（1）对于 FX、L、Q 系列 PLC，可通过相同的操作，进行程序的开发和调试。此编程工具大幅提升了设计、调试、维护作业的效率。

（2）可通过简单化工程［电路图（梯形图）］以及结构化工程进行编程。

（3）通过内置的模拟功能，在电脑上就可模拟演示 PLC 程序，实施监控及调试。即使没有实际的机械设备也可进行调试，适用于事前的动作调试和编程培训。

（4）兼容性好，实现快捷编程。GX Works2 对应机型为 MELSEC FX - PLC 全机型，能沿用 GX Developer 的原有程序，也可以将程序模块化，以便反复使用。在实现程序的库化和结构化体制的同时，像 C 语言那样进行结构化编程。

# 第 3 章   PLC 程序编制

**本章概述**

所谓程序编制，就是用户根据控制对象的要求，利用 PLC 厂家提供的程序编制语言，将一个控制要求描述出来的过程。由于 PLC 最常用的编程语言是梯形图语言和指令语句表语言，本章重点阐述梯形图语言和指令语句表语言的编制，并详细介绍编程原则和方法。

## 3.1   PLC 编程语言概述

虽然部分 PLC 具有与计算机兼容的 C 语言、BASIC 语言、布尔逻辑语言、通用计算机兼容的汇编语言和其他专用的高级语言，但到目前为止，绝大多数 PLC 的程序编制语言由厂家独立提供，而且各厂家的编程语言都只适用于自己的产品，这些编程语言相互并不兼容。IEC 61131 – 3 国际标准的提出，规范了 PLC 相关软件和硬件的标准，可以让 PLC 的使用者在不更改软件设计的状况下轻易更换 PLC 硬件。但总体来讲，不同品牌 PLC 之间的兼容性仍然不够好。

由于 PLC 是专为工业控制而开发的自控装置，其主要使用者为工厂的电气技术人员，考虑到他们的传统习惯和掌握能力，PLC 不采用微机的编程语言，而采用一些易于编写、易于调试又有利于推广普及的梯形图语言、指令语句表语言、控制系统流程图语言、布尔代数语言等。在这些语言中，尤以梯形图语言、指令语句表语言最为常用，而且常常联合使用。下面着重介绍梯形图和指令语句表这两种编程语言。

## 3.1.1　梯形图简介

　　梯形图是在继电器控制系统电气原理图的基础上开发出来的一种图形语言，其形状像梯子，因此称为梯形图。它继承了继电器接点、线圈、串联、并联等术语和类似的图形符号，具有形象、直观、实用的特点，无须专门学习计算机专业知识，电气技术人员使用起来非常方便。到目前为止，PLC 的设计和生产没有统一标准，不同厂家生产的 PLC 所用语言和符号不尽相同。即便如此，从基本结构和功能看，不同厂家的梯形图语言仍是大同小异，熟悉了其中一种就很容易学会其他。

　　从形式上看，PLC 梯形图基本沿袭了传统的继电器和接触器控制图，是在原继电器接触控制系统的继电器图形基础上演变而来的一种图形语言。它将 PLC 内部的各种编程元件（如继电器的触点、线圈、定时器、计数器等）和各种具有特定功能的命令用专用图形符号、标号定义，按逻辑要求及连接规律组合和排列，从而构成了表示 PLC 输入/输出之间控制关系的图形。由于它在继电器接触的基础上加入了许多功能强大、使用灵活的指令，并结合了计算机的特点，使逻辑关系清晰直观、编程容易、可读性强，所实现的功能大大超过传统的继电器接触控制电路，因此很受电气技术人员欢迎，是使用最广泛的 PLC 编程语言。

　　在梯形图中，分别用符号"┤├""┤╱├"表示 PLC 编程元件（软继电器）的常开触点和常闭触点，用符号"┤( )├"表示其线圈。与传统的控制图一样，每个继电器和相应的触点都有自己的特定标号，以示区别，其中有些对应 PLC 外部的输入/输出，有些对应内部的继电器和寄存器。应当注意的是，它们并非物理实体，而是"软继电器"。每个"软继电器"仅对应 PLC 存储单元中的一位。该位状态为"1"时，对应的继电器线圈接通，其常开触点闭合、常闭触点断开；状态为"0"时，对应的继电器线圈断开，其常开触点、常闭触点保持原态。还应注意 PLC 梯形图表示的并不是一个实际电路而只是一个控制程序，其间的连线表示的是它们之间的逻辑关系，即所谓"软接线"，而不是物理接线。

另外一些在 PLC 中进行特殊运算和数据处理的指令，被看作一些广义的、特殊的输出元件，常用类似于输出线圈的方括号加上一些特定符号来表示。这些运算或处理一般以前面的逻辑运算作为其触发条件。

## 3.1.2　指令语句表简介

采用梯形图编程，是因为它直观易懂，但需要一台个人计算机及相应的编程软件；采用助记符形式则便于实验，因为它只需要一台简易编程器，而不必用昂贵的图形编程器或计算机来编程，特别便于工程师面对生产线或工业现场进行程序修改和调试。

指令语句表是一种用指令助记符来编制 PLC 程序的语言，它类似于计算机的汇编语言，但比汇编语言易懂易学。若干条指令组成的程序就是指令语句表，一条指令语句是由步序、指令语和作用器件编号三部分组成的。指令表（Instruction List，IL 或 Statement List，SL）：类似组合语言的描述文字，由指令语句系列构成。如三菱 FX2 的控制指令 LD、LDI、AND、ANI、OR、ORI、ANB、ORB、MMP、MMS 与 OUT 等，一般配合书写器写入程式，而书写器只能输入简单的指令，与电脑程式中的阶梯图相比简单许多，也不需要电脑就可以更改或查看 PLC 内部程序。但是，书写器不太直观，可读性差，特别是遇到较复杂的程序时，更难读。因此，使用书写器时，必须注意输入的 PLC 指令有优先次序。例如，若有输出至相同的单元（如 Y000）时，输入的优先次序一般位址越大，优先次序越高，但从书写器中不容易察觉所输入的单元的优先次序。

## 3.1.3　两个关系

### 1. 梯形图与电气原理图的关系

如果仅考虑逻辑控制，梯形图与电气原理图（或继电器控制逻辑图）可以建立一定的对应关系。比如，梯形图的输出（OUT）指令对应继电器的线圈，而输入指令（如 LD、AND、OR）对应接触点或开关，互锁指令（IL、ILC）可看成总开关，等等。因此，原有的继电器控制逻辑图经简单转换即可变成梯形图。

2. 梯形图与指令语句表的对应关系

指令语句表与梯形图指令有严格的对应关系，而梯形图的连线又可体现指令的顺序。一般来讲，其顺序为：先输入，后输出（含其他逻辑处理）；先上后下；先左后右。有了梯形图，就可将其翻译成指令语句表程序。反之，根据指令语句表，也可画出与其对应的梯形图。对于同一厂家的 PLC 产品，其指令语句表语言与梯形图语言是对应的，可互相转换。指令语句表语言常用于手持编程器中，因其显示屏幕小不便输入和显示梯形图，一般是在生产现场编制、调试程序时使用。梯形图语言则多用于计算机编程环境，其利用计算机显示的直观性，常用于大型程序的设计和调试。

图 3-1 为利用 PLC 实现三相鼠笼式电动机起/停控制的电气控制图和两种编程语言的表示方法。

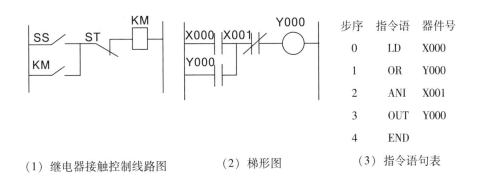

（1）继电器接触控制线路图　　　（2）梯形图　　　（3）指令语句表

图 3-1　三种控制表示方法

继电器控制逻辑图与梯形图的外形和逻辑关系非常相似，而指令语句表的编写顺序依据梯形图的先上后下、先左后右来安排。

## 3.1.4　梯形图的几点说明

梯形图是一种由继电器接触控制电路图演变而来的图形语言。它是借助类似于继电器的动合、动断触点，线圈以及串、并联等术语和符号，根据控制要求连接而成的表示 PLC 输入和输出之间逻辑关系的图形，直观易懂。学习时应注意以下概念：

（1）梯形图按自上而下、从左到右的顺序排列。每一逻辑行（或称梯级）起始于左母线，然后是触点的串、并联连接，最后是线圈与右母线相连。

（2）梯形图中的继电器并不一定是物理继电器，每个继电器或输入接点各为存储器中的一位地址，相应位为"1"态，表示继电器线圈"通电"，或"常开"触点闭合，或"常闭"触点断开。

（3）梯形图中流过的电流不是物理电流，而是概念电流，是程序执行的形象表示方式。从左流向右，其两端没有电源。这个"概念电流"只是用来形象地描述用户程序执行中应满足线圈接通的条件。

（4）梯形图中的继电器触点在编写用户程序时（即作为逻辑接点）可根据需要在梯形图中反复使用，没有数量限制，既可用"常开"形式，也可用"常闭"形式。

（5）只有 PLC 中的物理继电器才能驱动实际负载，其他继电器只能作为一种逻辑来使用，故称其为"软继电器"。输入继电器用于接收外部输入信号，而不能由 PLC 内部其他继电器的触点来驱动。因此，梯形图中只出现输入继电器的触点，而不出现其线圈。输出继电器向外部设备输出程序执行结果。当梯形图中的输出继电器线圈得电时，就有信号输出，但不直接驱动输出设备，而要通过输出接口的继电器、晶体管或晶闸管才能实现。另外，输出继电器的触点也可供内部编程使用。

# 3.2　PLC 编程的原则和方法

## 3.2.1　编程原则

（1）PLC 编程元件的触点在编程过程中可以无限次使用，每个继电器的线圈在梯形图中只能出现一次，它的触点可以使用无数次，即既可以"常开"触点形式出现，也可以"常闭"触点形式出现。

　　例 1　如图 3 - 2 所示，X0 和 Y0 作为触点可以多次使用，Y0、Y1 作为线圈不能出现 2 次。

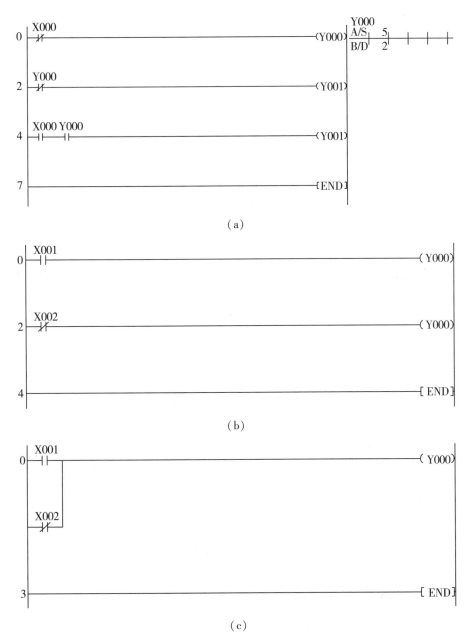

(a)

(b)

(c)

图 3 - 2　多次使用的触点(a)；错误（b）和正确（c）的梯形图

（2）梯形图的每一逻辑行皆起始于左母线，终止于右母线。线圈总是处于最右边，且不能直接与左母线相连［错误方式如图 3 - 3 （a）图所示］。

例 2

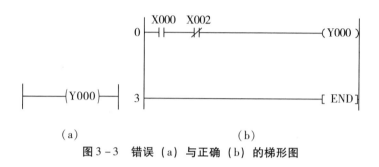

（a）　　　　　　　　　　　　　　　（b）

图 3 - 3　错误（a）与正确（b）的梯形图

（3）编制梯形图时，应尽量做到"上重下轻、左重右轻"，其目的是使指令语句表更简单、更具可读性。如图 3 - 4 所示，（a）图不合理，违反此原则；（b）图合理，遵循这一原则。

例 3

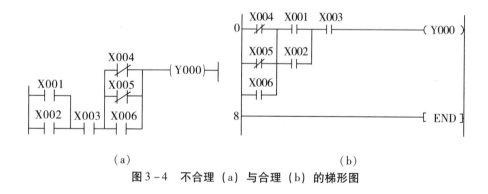

（a）　　　　　　　　　　　　　　　（b）

图 3 - 4　不合理（a）与合理（b）的梯形图

（4）避免出现无法编程的梯形图。如图 3 - 5 所示，（a）图无法转换成指令语句表，应改成（b）图形式。一般经验：避免将触点和元件画在垂直线上，这种梯形图往往无法用指令语句表编程。

例 4

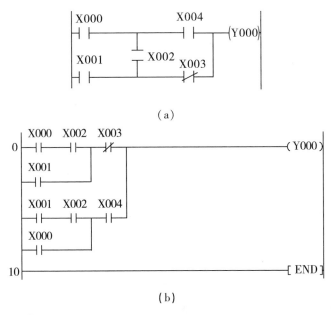

(a)

(b)

**图 3-5 错误（a）与正确（b）的梯形图**

（5）程序以 END 指令结束，程序的执行是从第一个地址到 END 指令结束。在调试的时候，可以利用这个特点将程序分成若干块，以进行分块调试，直至程序全部调试成功。

例 5 如图 3-6 所示，利用 END 指令可以对程序进行调试和查错。

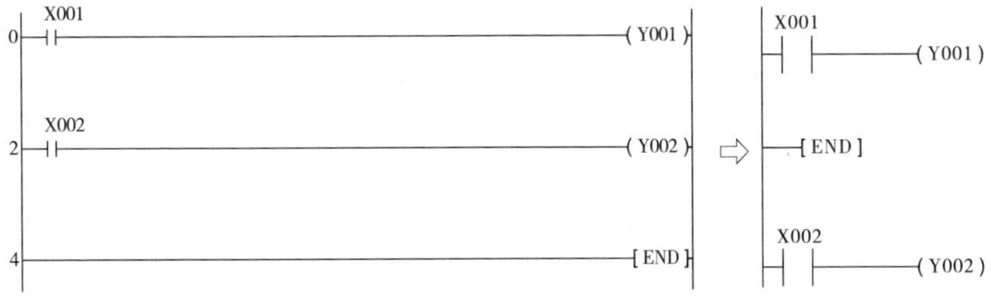

**图 3-6 利用 END 指令调试程序**

（6）PLC 输入设备的触点应尽可能地接成动合形式。在 PLC 的接线图中，采用动合开关，一般基于两点：①使逻辑元件与常规触点的定义保持一致，即线路图与梯形图一致。比如，常开触点一旦通电，其状态为"1"，逻辑关系是"接通"；一旦失电，其状态为"0"，逻辑关系是"断开"。同理，常闭触点一旦通电，其状态为"1"，逻辑关系是"断开"；一旦失电，其状态为"0"，逻辑关系是"接通"。②从节能环保角度看，不使用就应处于不通电状态。

例6　电动机启动控制，继电器控制图如图3-7（a）所示，如果按电气原理图直观法接，即继电器的常开开关 SB₂ 对应 PLC 输入常开触点，继电器的常开开关 SB₁ 对应 PLC 输入常闭触点。对应的梯形图如图3-7（b）所示，此时 X1 应使用常开触点，这种逻辑关系不易与实际对应，令人难以理解。若采用动合形式，如图3-7（c）所示，X1 使用常闭触点，这样的逻辑关系就清晰很多。

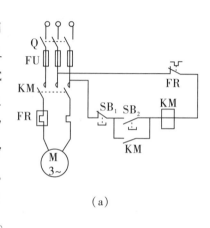

（a）

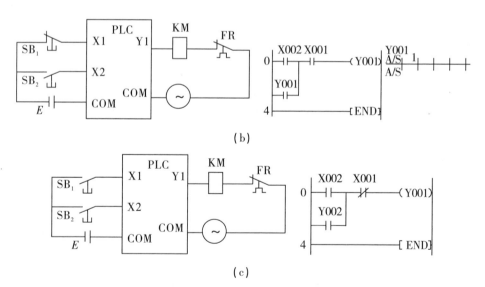

（b）

（c）

图3-7　电动机启动控制电气原理图（a）；

非动合形式接线图与对应梯形图（b）；动合形式接线图与对应梯形图（c）

### 3.2.2　编程方法和步骤

在遵循以上编程原则的基础上，实现 PLC 的编程，一般在工业生产中需要经过以下四个阶段工作：

1. 确定控制对象及控制内容

（1）深入了解和详细分析被控对象（生产设备或生产过程）的工作原理及工艺流程，画出工作流程图。

（2）列出该控制系统应具备的全部功能和控制范围。

（3）拟订控制方案，使之能最大限度地满足控制要求，并保证系统简单、经济、安全、可靠。

2. PLC 机型选择

机型选择的基本原则是在满足控制功能要求的前提下，保证系统可靠、安全、经济及使用维护方便。一般需考虑以下几方面问题：

（1）确定 I/O 点数：统计并列出被控系统中所有输入量和输出量，选择 I/O 点数适当的 PLC，确保输入/输出点的数量能够满足需要，并为今后生产发展和工艺改进适当留下裕量（一般可考虑留 10% ~ 15% 的备用量）。

（2）确定用户程序存储器的存储容量：用户程序所需存储容量与控制内容和输入/输出点数有关，也与用户的编程水平有关。一般粗略的估计方法是：（输入 + 输出）×（10 ~ 12）= 指令步数。对于控制要求复杂、功能多、数据处理量较大的系统，为避免存储容量不够的问题，可适当多留些裕量。

（3）响应速度：PLC 的扫描工作方式使其输出信号与相应的输入信号间存在一定的响应延迟时间，它最终将影响控制系统的运行速度。所选 PLC 的指令执行速度应满足被控对象对响应速度的要求。

（4）输入/输出方式及负载能力：根据控制系统中输入/输出信号的种类、参数等级和负载要求，选择能够满足输入/输出接口需要的机型。

3. 软件设计

（1）根据输入/输出变量的统计结果，对 PLC 的 I/O 端进行分配和定义。

（2）根据 PLC 扫描工作方式的特点，按照被控系统的控制流程及各步动作的逻辑关系，合理划分程序模块，画出梯形图。要充分利用 PLC 内部各种继电器的无限个触点，给编程带来方便。

4. 系统统调

编制完成的用户程序要进行模拟调试（可在输入端接开关来模拟输入信号、输出端接指示灯来模拟被控对象的动作），经不断修改达到动作准确无误，方可接到系统中去，进行总装统调，直到完全达到设计指标要求。

以上是完整的程序编制过程，在实际的编程中，一旦确定了一个控制要求的电气原理图，根据它来编写 PLC 控制程序，主要包括四个重要步骤，下面举例说明。

例 7  试编写一个电动机正反转控制（如图 3 – 8 所示）的 PLC 程序。

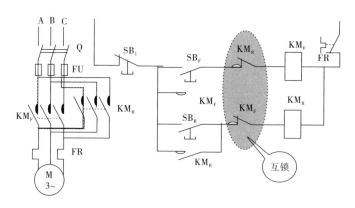

图 3 – 8  电动机正反转控制电气原理图

解：

在 PLC 上完成图 3 – 8 所示的电动机正反转控制的程序编写，一般要经过以下四个步骤：

第一步，确定 I/O 点数及其分配。

| 输入/I | | 输出/O | |
|---|---|---|---|
| $SB_1$ | X0 | | |
| $SB_F$ | X1 | $KM_F$ | Y0 |
| $SB_R$ | X2 | $KM_R$ | Y1 |

第二步，画出外部接线图。

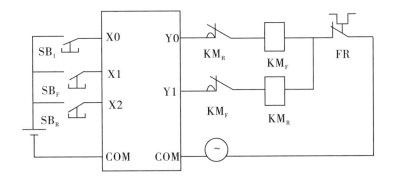

第三步，编制梯形图。

```
X001   X000   Y001
├─┤├────┤/├────┤/├──────( Y000 )
│
Y000
├─┤├─┤


X002   X000   Y000
├─┤├────┤/├────┤/├──────( Y001 )
│
Y001
├─┤├─┤


                  ─────[ END ]
```

第四步，将梯形图转换成相应的指令语句表。

| 地址 | 指令 | | 地址 | 指令 | | 地址 | 指令 | |
|------|------|------|------|------|------|------|------|------|
| 0 | LD | X1 | 4 | OUT | Y0 | 8 | ANI | Y0 |
| 1 | OR | Y0 | 5 | LD | X2 | 9 | OUT | Y1 |
| 2 | ANI | X0 | 6 | OR | Y1 | 10 | END | |
| 3 | ANI | Y1 | 7 | ANI | X0 | | | |

# 3.3　PLC 程序设计的评价指标

PLC 的操作依其程序进行，程序是用程序语言表达的，并且表达的方式多种多样，不同的生产厂家、不同的机种，采用的表达方式不同。不过，同其他电脑装置一样，尽管采用不同语言和表达方式，但同样需要一个较为统一的标准来评价其优劣。下面列举几个重要指标，基本可以评价一个 PLC 程序设计优良与否。

（1）PLC 程序的正确性。正确是程序的魂，一个好的程序必须经得起系统运行实践的考验。错误的程序，其他方面再好也毫无意义。

（2）PLC 程序的可靠性。简单来讲，就是容错性。可靠性包括：第一，保证系统在正常和非正常（短时掉电、某些被控量超标、某个环节有故障等）情况下都能安全可靠地运行。第二，能保证在出现非法操作（如按动或误触了不该动作的按钮等）的情况下不至于出现系统失控。

（3）PLC 参数的易调整性。对于需要经常修改的参数，在设计程序时必须考虑怎样编写才易于修改。

（4）PLC 程序结构的简练性。简练的程序可以减少程序扫描时间，要充分利用 PLC 的硬件条件，加快 PLC 对输入信号的响应速度。

（5）PLC 程序的可读性。也就是结构性要好，应与工程师的逻辑思维相一致，有利于其他工程技术人员读写，便于开发和拓展。

例 8　试设计一个流水灯，要求：亮灯间隔 1 秒；按下长动开关 SB，A 灯亮；间隔 1 秒后，A 灯熄，B 灯亮；再间隔 1 秒，B 灯熄，C 灯亮；最后形成 A – B – C – A 的亮灯循环。

如图 3 – 9、图 3 – 10 所示，虽然程序 1 比程序 2 步数多（41 比 33），程序 1 表面上使用指令更复杂、响应时间更长，实际上可读性更好。如果流水灯只有 2~3 盏，程序 1 的优势没有显现出来，但如果流水灯为几十盏或上百盏，程序 1 更容易拓展，优势就显露无遗。又或者，需要改变控制要求，不是 A – B – C – A 循环，而是要求循环形式为：A – AB – B – BC – C – CA – A。

如果使用程序 1，修改非常方便；但如果使用程序 2，修改就繁杂许多。因此，程序 1 明显更好。

程序 1

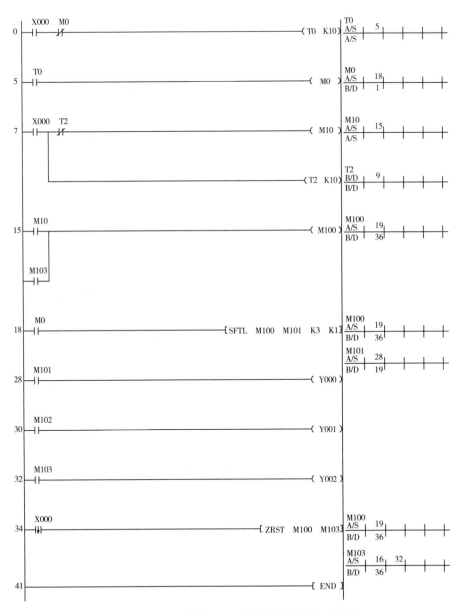

图 3 - 9　ABC 流水灯 PLC 梯形图的编程方法（1）

程序 2

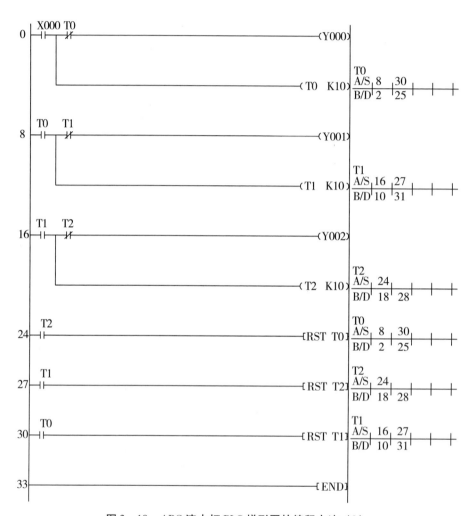

图 3 - 10  ABC 流水灯 PLC 梯形图的编程方法（2）

# 第 4 章　电工电子学基础

**本章概述**

本章针对低年级或非电子相关专业学生电工基础薄弱的问题，专门介绍电工和电子学的基本知识。一些电路的控制通常涉及三相电路的两大接法，特别是在 PLC 梯形图的编制上，一般涉及串联与并联的电路以及逻辑门电路的相关知识。因此，本章简要介绍电工和电子学的一些常见电路。

## 4.1　三相电路

三相电路（three-phase circuit）是由三相电源（three-phase source）、三相负载和三相传输线路组成的电路。这种电路最基本的结构特点是具有一组或多组电源，每组电源由三个振幅相等、频率相同、彼此间相位差一样的正弦电源构成，且电源和负载采用特定的连接方式。三相电路在发电、输电、配电以及大功率用电设备等电力系统中应用广泛。

### 4.1.1　三相电路星形接法

星形接法是三相交流电源与三相用电器的一种接线方法，是由频率相同、振幅相等而相位依次相差 120° 的三个正弦电源以一定方式连接向外供电的系统。如图 4 – 1 所示，把三相负载（$Z_A$，$Z_B$，$Z_C$）或电源的三个末端连接在一起，成为一公共点 O，从始端引出三条端线 A，B，C。这种接法亦称"三相

PLC 原理与实训

四线接法"。

将三相电源绕组或负载的一端都接在一起，构成中性线，由于均衡的三相电源的中性线中电流为零，故也叫零线；三相电源绕组或负载的另一端的引出线，分别为三相电源的三个相线。远程输电时，只使用三根相线，形成三相三线制。

到达用户的电路，往往涉及 220V 和 380V 两种电压，需三根相线和一根零线，形成三相四线制，如图4-1所示。用户为避免漏电形成的触电事故，还要添加一根地线，这时就有三根相线、一根零线和一根地线，故也有三相五线制的说法。

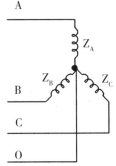

图 4-1　三相电路的星形接法

### 4.1.2　三相电路三角形接法

如图4-2所示，三角形接法指将三相负载（或电源）中的每一相（$Z_{AB}$，$Z_{BC}$，$Z_{CA}$）的末端与后续相的始端相连，然后再从三个连接点（A，B，C）引出端线的连接方式。三角形连接中三相负载的每一相都跨接在两条端线上，负载的相电压等于三相电源的线电压。因此，一台每相额定电压为 380V 的

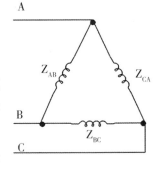

图 4-2　三相电路的三角形接法

三相感应电动机，只有连接成三角形才能接到线电压为 380V 的三相电源上使用。

### 4.1.3　两种接法对比

综合以上两种接法，总结出各自的特点如下：

（1）星形接法：有助于降低绕组承受电压（220V），降低绝缘等级；降低启动电流。缺点是电机功率减小。一般来讲，4kW 以下的小功率电机大部分采用星形接法，大于4kW 的采用三角形接法。

（2）三角形接法：有助于提高电机功率。缺点是启动电流大，绕组承受

电压（380V）大，增大了绝缘等级。

根据以上两种接法的优缺点，一般在实际应用中将两种接法灵活配合使用。比如，三角形接法的电机在轻载启动时采用星形—三角形（Y－△）转换的方法启动，以降低启动电流。注意，这时轻载是条件，因为星形接法转矩会变小；降低启动电流是目的，利用星形接法能降低启动电流。三角形接法功率大，启动电流也大；星形接法功率小，启动电流也小。

# 4.2　串联与并联电路

## 4.2.1　串联电路

定义：串联电路指用电器首尾依次连接在一起的电路，是电路组成的两种基本方式之一。如图4－3所示，两个纯电阻和一个1.5V电池首尾依次连接成一条电路。

特点：串联电路只有一条路径，任何一处断路，整个电路都会出现开路。

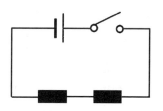

图4－3　串联电路

## 4.2.2　并联电路

定义：并联电路中，通过构成并联的电路元件，电流有一条以上的相互独立通路，是电路组成的两种基本方式之一。图4－4是一个包含两个纯电阻和一个1.5V电池的简单电路。若两个电阻分别由两组导线分开连接到电池，则两电阻为并联方式。

特点：并联电路有多条路径，每一条电路之间互相独立，即使其中一个电路元件开路，其他支路仍照常工作。

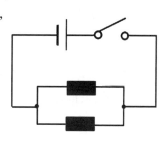

图4－4　并联电路

# 4.3 逻辑电路

逻辑门（Logic gates）是在集成电路（Integrated circuit）上的基本组件。简单的逻辑门可由晶体管组成。这些晶体管的组合可以使代表两种信号的高低电平在通过它们之后产生高电平或者低电平的信号。高、低电平可以分别代表逻辑上的"真"与"假"或二进制当中的 1 和 0，从而实现逻辑运算。

逻辑电路是一种传递和处理离散信号，以二进制为原理，实现数字信号逻辑运算和操作的电路。逻辑电路分为组合逻辑电路和时序逻辑电路。前者由最基本的"与门"电路、"或门"电路和"非门"电路组成，其输出值仅依赖于其输入变量的当前值，与输入变量的过去值无关，即不具备记忆和存储功能；后者也由上述基本逻辑门电路组成，但存在反馈回路。它的输出值不仅依赖于输入变量的当前值，也依赖于输入变量的过去值。由于只分高、低电平，因此其抗干扰力强，精度和保密性佳，被广泛应用于计算机、数字控制、通信、自动化和仪表等方面。最基本的有与电路、或电路和非电路。

本节内容主要包括数字电子技术（几种逻辑电路）、门电路基础（半导体特性、分立元件、TTL 集成电路、CMOS 集成门电路）、组合逻辑电路（加法器、编码器、译码器等集成逻辑功能）、时序逻辑电路（计数器、寄存器）以及数模和模数转换。

## 4.3.1 与逻辑

与门（AND gate）又称"与电路"或"与逻辑"，是执行"与"运算的基本逻辑门电路。如图 4 - 5 所示，与门有多个输入端（A/B），一个输出端（C）。当所有的输入同时为高电平（逻辑 1）时，输出才为高电平，否则输出为低电平（逻辑 0）。

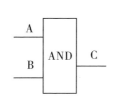

| | A | B | C |
|---|---|---|---|
| 1 | 1 | 1 | 1 |
| 2 | 1 | 0 | 0 |
| 3 | 0 | 0 | 0 |
| 4 | 0 | 1 | 0 |

图4-5 与门电路和四种逻辑结果

## 4.3.2 或逻辑

或门（OR gate）又称"或电路"或"或逻辑"。如果几个条件中，只要有一个条件得到满足，某事件就会发生，这种关系叫作"或"逻辑关系。或门有多个输入端，一个输出端，多输入或门可由多个两输入或门构成。如图4-6所示，只要输入中有一个为高电平（逻辑1），输出就为高电平（逻辑1）；只有当所有的输入全为低电平时，输出才为低电平。

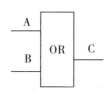

| | A | B | C |
|---|---|---|---|
| 1 | 1 | 1 | 1 |
| 2 | 1 | 0 | 1 |
| 3 | 0 | 0 | 0 |
| 4 | 0 | 1 | 1 |

图4-6 或门电路和四种逻辑结果

## 4.3.3 非逻辑

非门（NOT gate）又称"非逻辑"或"反相器"，是逻辑电路的基本单元。非门有一个输入端和一个输出端。如图4-7所示，逻辑符号中输出端的圆圈代表反相，当其输入端为高电平（逻辑1）时，输出端为低电平（逻辑0）；当其输入端为低电平（逻辑0）时，输出端为高电平（逻辑1）。也就是说，输入端和输出端的电平状态总是反相的。

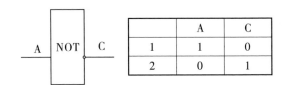

图 4-7　非门电路和两种逻辑结果

### 4.3.4　复合门

复合逻辑门电路，也称"复合门"，是以上两种或多种逻辑组合的结果，在逻辑功能上是简单逻辑门的组合，在实际性能上有所提高。常用的复合门有"与非门""或非门""异或门""同或门"等。

# 第 5 章　三菱 FX3G 系列 PLC 的基本指令

**本章概述**

　　三菱 FX 系列 PLC 内置大容量程序存储器，最高可达 32000 步，标准模式下基本指令处理速度可达 0.21μs，加之大幅扩充的软元件数量，可更加自由地编辑程序并进行数据处理。FX 系列 PLC 有基本逻辑指令 29 条、步进指令 2 条。本章以 FX3G 为例，介绍其中 13 条基本逻辑指令和步进指令及其应用。

## 5.1　载入输出指令（LD/LDI/LDP/LDF/OUT）

　　LD（取指令，也称载入指令）除了指常开触点与左母线连接的指令外，每一个以常开触点开始的逻辑行都用此指令，如下图所示：

```
      X0
0 ┤├────────────────────────────(Y0)┤

0  LD  X0        1  OUT  Y0
```

　　LDI（取反指令）除了指常闭触点与左母线连接的指令外，每一个以常闭触点开始的逻辑行都用此指令，如下图所示：

```
      X1
0 ┤/├────────────────────────────(Y1)┤

0  LDI  X1        1  OUT  Y1
```

LDP（取上升沿指令）指与左母线连接的常开触点的上升沿检测指令，仅在指定位元件的上升沿（由 OFF→ON）时接通，持续时间为一个扫描周期，如下图所示：

```
    X2
0 ├─┤↑├─────────────────────────────────(Y2)┤

0  LDP  X2        1  OUT  Y2
```

LDF（取下降沿指令）指与左母线连接的常闭触点的下降沿检测指令，持续时间为一个扫描周期，如下图所示：

```
    X3
0 ├─┤↓├─────────────────────────────────(Y3)┤

0  LDF  X3        1  OUT  Y3
```

OUT（输出指令）指对输出线圈进行驱动的指令，也称为输出指令，如以上图中所示。取指令与输出指令结合使用，如图 5 - 1 所示。

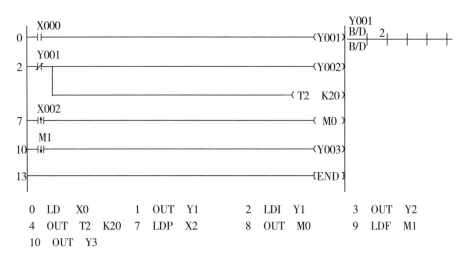

```
0  LD   X0        1  OUT  Y1        2  LDI  Y1        3  OUT  Y2
4  OUT  T2  K20   7  LDP  X2        8  OUT  M0        9  LDF  M1
10 OUT  Y3
```

图 5 - 1　取指令与输出指令结合使用示例

取指令与输出指令的使用说明：

（1）LD、LDI 既可用于输入与左母线相连的触点，也可与 ANB、ORB 指令配合实现块逻辑运算。

（2）LDP、LDF 仅在对应元件有效时维持一个扫描周期的接通。图 5 - 1

中，当 M1 有一个下降沿时，Y3 只有一个扫描周期，为 ON。

（3）LD、LDI、LDP、LDF 的目标元件为 X、Y、M、T、C、S。

（4）OUT 可以连续使用若干次（相当于线圈并联），对于定时器和计数器，在 OUT 指令之后应设置常数 K 或数据寄存器，见图 5 - 1 指令表第 4 步。

（5）OUT 的目标元件为 Y、M、T、C 和 S，但不能用于 X。

## 5.2　触点串联指令（AND/ANI/ANDP/ANDF）

AND（与指令）指单个常开触点进行串联连接的指令，完成逻辑"与"运算。ANI（与反指令）指单个常闭触点进行串联连接的指令，完成逻辑"与非"运算。ANDP 为上升沿检测串联连接的指令。ANDF 为下降沿检测串联连接的指令。触点串联指令的使用如图 5 - 2 所示。

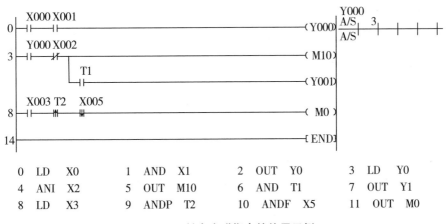

| 0 | LD | X0 | 1 | AND | X1 | 2 | OUT | Y0 | 3 | LD | Y0 |
| 4 | ANI | X2 | 5 | OUT | M10 | 6 | AND | T1 | 7 | OUT | Y1 |
| 8 | LD | X3 | 9 | ANDP | T2 | 10 | ANDF | X5 | 11 | OUT | M0 |

图 5 - 2　触点串联指令的使用示例

触点串联指令的使用说明：

（1）AND、ANI、ANDP、ANDF 都是指单个触点的串联连接，串联次数没有限制，可反复使用。

（2）AND、ANI、ANDP、ANDF 的目标元件为 X、Y、M、T、C、S。

（3）图 5 - 2 中 OUT　M10 指令之后通过 T1 的触点去驱动 Y1，称为连续输出。

## 5.3　触点并联指令（OR/ORI/ORP/ORF）

OR（或指令）指单个常开触点进行并联连接的指令，实现逻辑"或"运算。ORI（或非指令）指单个常闭触点进行并联连接的指令，实现逻辑"或非"运算。ORP 为上升沿检测并联连接的指令。ORF 为下降沿检测并联连接的指令。触点并联指令的使用如图 5 - 3 所示。

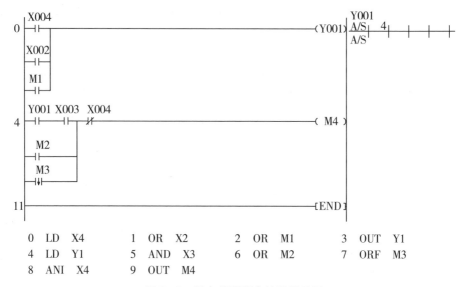

| 0 | LD | X4 | 1 | OR | X2 | 2 | OR | M1 | 3 | OUT | Y1 |
| 4 | LD | Y1 | 5 | AND | X3 | 6 | OR | M2 | 7 | ORF | M3 |
| 8 | ANI | X4 | 9 | OUT | M4 | | | | | | |

图 5 - 3　触点并联指令的使用示例

触点并联指令的使用说明：

（1）OR、ORI、ORP、ORF 都是指单个触点的并联，并联触点的左端接到 LD、LDI、LDP 或 LDF 处，右端与前一条指令对应触点的右端相连。触点并联指令连续使用的次数不限。

（2）OR、ORI、ORP、ORF 的目标元件为 X、Y、M、T、C、S。

## 5.4　电路块的串联指令（ANB）

ANB（块与指令）指串联两个或两个以上触点并联连接（电路块）的电路的指令。电路块的串联指令的使用如图 5 - 4 所示。

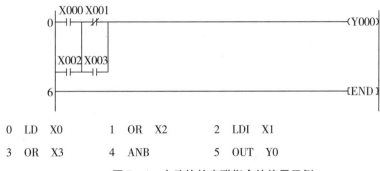

图 5 - 4　电路块的串联指令的使用示例

电路块的串联指令的使用说明：

（1）并联电路块进行串联连接时，并联电路块的开始均用 LD 或 LDI；如图 5 - 4 所示，X0 与 X2 并联成一个电路块 A，X1 与 X3 亦并联成一个电路块 B，然后 A 与 B 进行块串联。

（2）多个并联电路块按顺序和前面的电路串联连接时，电路块的串联指令的使用次数没有限制，也可连续使用 ANB。LD 或 LDI 指令的使用次数不得超过 8 次，也就是 ANB 的使用次数在 8 次及以下。

## 5.5　电路块的并联指令（ORB）

ORB（块或指令）指并联两个或两个以上触点串联连接（电路块）的电路的指令。电路块的并联指令的使用如图 5 - 5 所示。

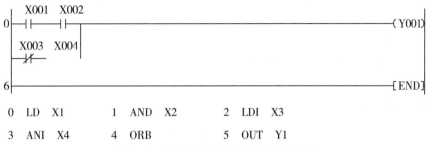

图 5 - 5　电路块的并联指令的使用示例

电路块的并联指令的使用说明：

（1）几个串联电路块进行并联连接时，每个串联电路块开始时应该用 LD 或 LDI。

（2）有多个电路块并联回路，如对每个电路块使用 ORB，则并联的电路块数量没有限制。

（3）电路块的并联指令也可以连续使用，但不推荐这种程序写法。与 ANB 一样，ORB 只能连续使用 8 次及以下。

在实际编程中，常常遇到复杂的电路块，既有串联，也有并联，如图 5－6所示。

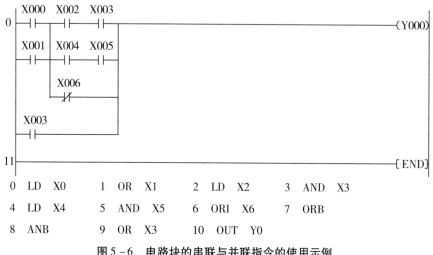

图 5－6　电路块的串联与并联指令的使用示例

# 5.6　堆栈指令（MPS/MRD/MPP）

堆栈指令是 FX 系列新增的基本指令，用于多重输出电路，为编程带来便利。在 FX 系列 PLC 中有 11 个存储单元，它们专门用来存储程序运算的中间结果，被称为栈存储器。堆栈指令包括三部分：

（1）MPS（也称"进栈指令"，存储分支点前的运算结果），用于将运算结果送入栈存储器的第一段，同时将先前送入的数据依次移到栈的下一段。

（2）MRD（也称"读栈指令"，读出存储结果），用于将栈存储器的第一段数据（或最后一步进栈的数据）读出，且该数据继续保存在栈存储器的第一段，栈内的数据不发生移动。

（3）MPP（也称"出栈指令"，读出、清除存储结果），用于将栈存储器的第一段数据（或最后进栈的数据）读出，且该数据从栈中消失，同时将栈中其他数据依次上移。

堆栈指令的使用如图 5 - 7 所示，其属于一层栈，进栈后的信息可无限使用。最后一次使用 MPP 弹出信号，如图 5 - 7（a）所示，其等效于多路情况，如图 5 - 7（b）所示。

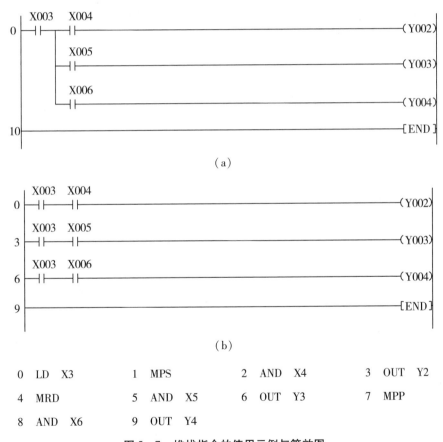

图 5 - 7　堆栈指令的使用示例与等效图

堆栈指令的使用说明：

（1）堆栈指令没有目标元件。

（2）MPS 和 MPP 必须配对使用，且各只出现一次。MRD 根据支路多少确定，如果只有 2 条支路，则 MRD 可以省去。

（3）由于栈存储单元只有 11 个，因此栈的层次最多 11 层。

例　堆栈指令使用实例如下。有 2 台电动机 M1、M2，按下 $SB_1$ 后，M1 启动，延时 5s 后，M2 启动。按下 $SB_2$，电动机全部停止，电路图如图 5 - 8 所示。

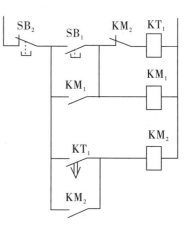

图 5 - 8　继电器电路图

（1）I/O 分配表如表 5 - 1 所示。

表 5 - 1　电动机控制电路的 I/O 分配表

| 输入/I | | 输出/O | |
|---|---|---|---|
| $SB_1$ | X1 | $KM_1$ | Y1 |
| $SB_2$ | X2 | $KM_2$ | Y2 |

（2）梯形图如图 5 - 9 所示。

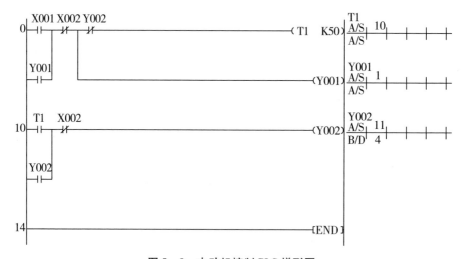

图 5 - 9　电动机控制 PLC 梯形图

（3）指令表。

| 地址 | 指令 | 地址 | 指令 | 地址 | 指令 |
|---|---|---|---|---|---|
| 0 | LD　X1 | 4 | ANI　Y2 | 8 | LD　T1 |
| 1 | OR　Y1 | 5 | OUT　T1 | 9 | OR　Y2 |
| 2 | ANI　X2 | 6 | MPP | 10 | ANI　X2 |
| 3 | MPS | 7 | OUT　Y1 | 11 | OUT　Y2 |

电动机功能说明：接通 X1，Y1 为 ON，电动机 M1 启动，同时定时器 T1 开始计时。当达到 5s 后，T1 为 ON 状态，T1 触点接通，Y2 转为 ON，电动机 M2 启动。常闭触点 Y2 断开，定时器 T1 断开。Y1 和 Y2 同时处于自保持状态，电动机 M1 和 M2 持续工作。

# 5.7　置位与复位指令（SET/RST）

SET（置位指令）即得电保持，其作用是使被操作的目标元件置位，并保持"ON"状态。RST（复位指令）即失电保持，其作用是使被操作的目标元件复位，并保持清零状态"OFF"。

SET、RST 指令的使用如图 5-10 所示。当 X0 常开触点接通时，Y0 变为 ON 状态，并一直保持该状态。即使 X0 断开，Y0 的 ON 状态仍维持不变。只有当 X1 的常开触点闭合时，Y0 才变为 OFF 状态并保持。此时，即使 X1 的常开触点断开，Y0 也仍为 OFF 状态。

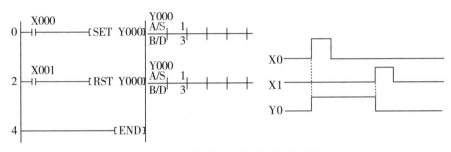

图 5-10　置位与复位指令使用示例

置位与复位指令的使用说明：

（1）SET 的目标元件为 Y、M、S；RST 的目标元件为 Y、M、S、T、C、D、V、Z。RST 常被用来清零 D、Z、V 的内容，还用来复位积算定时器和计数器。

（2）对于同一目标元件，SET、RST 可多次使用，顺序也可随意，最后执行的操作才是有效的。

# 5.8 脉冲输出指令（PLS/PLF）

脉冲输出指令也称为微分指令，其使用如图 5-11 所示，指利用指令检测到信号的边沿，通过置位和复位命令控制 Y0 和 Y1 的状态。PLS（上升沿微分指令）在输入信号上升沿（即由 OFF 转为 ON 时）产生一个扫描周期的脉冲输出；PLF（下降沿微分指令）在输入信号下降沿（即由 ON 转为 OFF 时）产生一个扫描周期的脉冲输出。

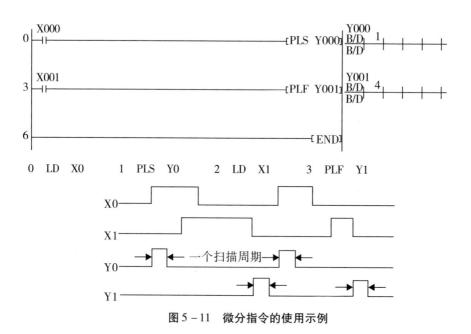

图 5-11 微分指令的使用示例

脉冲输出指令的使用说明：

（1）PLS、PLF 的目标元件为 Y、M。

（2）使用 PLS 时，仅在驱动输入为 ON 后的一个扫描周期内，目标元件为 ON，如图 5 - 11 所示，Y0 仅在 X0 的常开触点由断到通时的一个扫描周期内为 ON；使用 PLF 时，只是利用输入信号的下降沿驱动，其他与 PLS 相同。

# 5.9 取反指令（INV）

INV（取反指令）的功能是将指令左面的逻辑运算结果取反。取反指令的使用如图 5 - 12 所示，如果 X0 断开，则 Y0 为 ON，否则，Y0 为 OFF。

0    LD    X0        1    INV        2    OUT    Y0

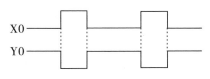

图 5 - 12　取反指令的使用示例

取反指令的使用说明：

使用时应注意 INV 不能像指令表的 LD、LDI、LDP、LDF 那样直接与左母线连接，也不能像指令表的 OR、ORI、ORP、ORF 那样单独使用，如图 5 - 13 所示。

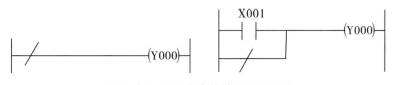

图 5 - 13　取反指令的错误使用示例

# 5.10　空操作指令（NOP）

NOP（空操作指令）是一条无动作、无目标元件、占一个程序步的指令，通常用于以下几个方面：指定某些步序内容为空，留空待用；短路某些接点或电路；切断某些电路；变换先前的电路，等等，如图 5 - 14 所示。

```
           X000
    ┤  ├         •        ─(Y000)─┤

0  LD  X0        1  NOP         2  OUT  Y0
```

**图 5 - 14　空操作指令的使用示例**

空操作指令的使用说明：

NOP 的使用对程序运行的结果没有任何影响，一般为了方便阅读。NOP 在程序中占一个步序，它在梯形图中没有对应的软元件表达，但可以从梯形图或指令表中的步序得到反映。

# 5.11　主控指令（MC/MCR）

MC（主控指令）是用于公共串联触点的连接指令，表示主控区的开始。执行 MC 后，左母线移到 MC 触点的后面。MCR（主控复位指令）是 MC 的复位指令，即利用 MCR 恢复原左母线的位置。

在编程时常常会出现这样的情况，多个线圈同时受一个或一组触点控制，如果在每个线圈的控制电路中都串入同样的触点，将占用很多存储单元，使用主控指令就可以解决这一问题。MC、MCR 的使用如图 5 - 15 所示，利用 MC　N0　M100 实现左母线右移，使 Y0、Y1 都在 X0 的控制之下，其中 N0 表示嵌套等级，在无嵌套结构中，N0 的使用次数无限制；利用 MCR　N0 恢复原左母线状态。如果 X0 断开，则会跳过 MC、MCR 之间的指令向下执行。

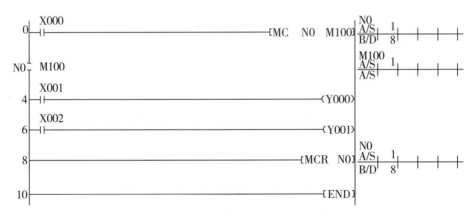

图 5 - 15　主控指令的使用示例

主控指令的使用说明：

（1）MC、MCR 的目标元件为 Y、M，可使用不同的元件号，亦可多次使用 MC，但不能用特殊辅助继电器。MC 和 MCR 分别设置主控电路块的起点和终点，必须成对使用。MC 占 3 个程序步，MCR 占 2 个程序步。

（2）主控触点在梯形图中与一般触点垂直（如图 5 - 15 中的 M100）。主控触点是与左母线相连的常开触点，是控制一组电路的总开关。与主控触点相连的触点必须用 LD 或 LDI。

（3）MC 的输入触点断开时，在 MC 和 MCR 之内的积算定时器、计数器、用复位/置位指令驱动的元件保持其之前的状态不变。非积算定时器和计数器，用 OUT 驱动的元件复位，如图 5 - 15 所示，当 X0 断开，Y0 和 Y1 即变为 OFF。

（4）在一个 MC 区内若再使用 MC，称为嵌套。嵌套级数最多为 8 级，编号按 N0→N1→N2→N3→N4→N5→N6→N7 顺序增大，每级的返回用对应的 MCR，从编号大的嵌套级开始复位。

## 5.12　步进指令（STL/RET）

步进指令是专为顺序控制设计的指令。FX3G 中有两条步进指令：STL（步进触点指令）和 RET（步进返回指令）。STL 是利用内部软元件（状态 S）

在顺控程序上进行工序步进式控制的指令。RET 是用于状态 S 流程的结束，实现返回主程序（母线）的指令。

STL 和 RET 只有与状态器 S 配合才能具有步进功能。如 STL S20 表示状态常开触点，称为 STL 触点，它在梯形图中的符号为两个小矩形组成的常开触点，即"─┤├─"，它没有常闭触点。我们用每个状态器 S 记录一个工步，如 STL S20 有效（为 ON），则进入 S20 表示的一步（类似于本步的总开关），开始执行本阶段该做的工作，并判断进入下一步的条件是否满足。一旦本步信号结束时为 ON，则关断 S20 进入下一步，如 S21 步。RET 是用来复位 STL 的。执行 RET 后将重回母线，退出步进状态。

步进指令的使用说明如图 5 - 16 所示。

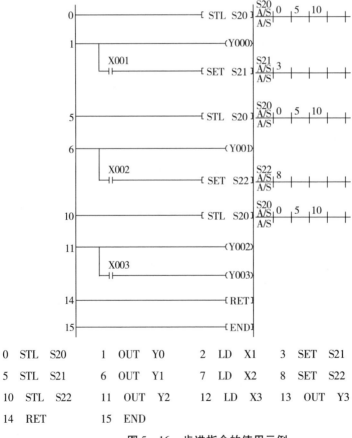

| 0 | STL | S20 | 1 | OUT | Y0 | 2 | LD | X1 | 3 | SET | S21 |
| 5 | STL | S21 | 6 | OUT | Y1 | 7 | LD | X2 | 8 | SET | S22 |
| 10 | STL | S22 | 11 | OUT | Y2 | 12 | LD | X3 | 13 | OUT | Y3 |
| 14 | RET | | 15 | END | | | | | | | |

图 5 - 16　步进指令的使用示例

（1）STL 触点是与左侧母线相连的常开触点。某 STL 触点接通，则对应的状态为活动步。

（2）与 STL 触点相连的触点应用 LD 或 LDI，只有执行完 RET 后，才返回左侧母线。

（3）STL 触点可直接驱动或通过别的触点驱动 Y、M、S、T 等元件的线圈。

（4）由于 PLC 只执行活动步对应的电路块，因此使用 STL 时，允许双线圈输出（顺控程序在不同的步可多次驱动同一线圈）。

（5）STL 触点驱动的电路块中不能使用 MC 和 MCR，但可以用 CJ（条件跳转指令）。

（6）在中断程序和子程序内不能使用 STL。

# 5.13　结束指令（END)

END（结束指令）表示程序结束，指示 PLC 返回 0 步重新扫描程序。若程序的最后不写 END，则 PLC 不管实际用户程序多长，都从用户程序存储器的第一步执行到最后一步；若有 END，当扫描到 END 时，则结束执行程序，这样可以缩短扫描周期。结束指令无目的操作数。在程序调试时，可在程序中插入若干 END，将程序划分为若干段，在确定前面程序段无误后，依次删除 END，直至调试结束，可以参考图 3 - 6，利用 END 调试程序。

# 第6章 三菱 FX3G 系列 PLC 的功能指令

**本章概述**

上一章介绍了 PLC 的基本指令，早期的 PLC 主要用于开关量控制，基本指令和步进指令基本能满足控制要求。但对于更复杂的生产工艺，控制量大大增加，为适应控制系统的控制要求，如模拟量控制等，就必须有更方便和特定功能性指令。FX3G 系列的功能指令有 112 种，本章先简单介绍常用的几种，最后举例说明如何综合利用各种指令编程。

## 6.1 功能指令概述

20 世纪 80 年代，PLC 生产厂家开始在小型 PLC 上增设一些功能指令（也称应用指令）。一般来讲，一条基本逻辑指令只能完成一个特定操作，但功能指令能完成一系列操作。由此可见，功能指令的出现大大拓宽了 PLC 的应用范围，也给用户编制程序带来了极大方便。功能指令的表示格式与基本指令不同，三菱 FX 系列用编号 FNC00 ~ FNC294 表示，并给出对应的助记符（大多用英文名称或缩写表示）。例如，FNC45 MEAN [S] [D] $n$ 的助记符是功能指令的指令段 MEAN 和操作数段 S、D、$n$，指令段通常占 1 个程序步，16 位操作数占 2 步，32 位操作数占 4 步。

1. FX3G 系列功能指令的数据格式与数据长度

（1）位元件与字元件。

位元件指处理 ON/OFF 信息的软元件（如 X、Y、M、S 等）；字元件指处理数值信息的软元件（如 T、C、D 等），一个字元件由 16 位二进制数组成。

位元件可以通过组合使用，4 个位元件为一个单元，通用表示方法是由 K$n$ 加上起始的软元件号组成，$n$ 为单元数。例如，K2　M0 表示 M0 ~ M7 组成的两个位元件组（K2 表示 2 个单元），它是一个 8 位数据，M0 为最低位。如果将 16 位数据传送到不足 16 位的位元件组合（$n < 4$），只传送低位数据，多出的高位数据不传送，32 位数据传送也类似。在进行 16 位数操作时，若参与操作的位元件不足 16 位，则高位的不足部分均作 0 处理，这意味着只能处理正数（符号位为 0），在进行 32 位数操作时也一样。被组合元件的首位元件可以任意选择，但为避免混乱，建议采用编号以 0 结尾的元件，如 S10、X0、X20 等。

（2）数据格式。

在 FX 系列 PLC 内部，数据是以二进制（BIN）补码的形式存储的，所有的四则运算都使用二进制数。二进制补码的最高位为符号位，正数的符号位为 0，负数的符号位为 1。FX 系列 PLC 可实现二进制码与 BCD 码的相互转换。

为更精确地进行运算，可采用浮点数运算。FX 系列 PLC 提供了二进制浮点运算和十进制浮点运算，设有将二进制浮点数与十进制浮点数相互转换的指令。二进制浮点数采用编号连续的一对数据寄存器表示，例如 D11 和 D10 组成的 32 位寄存器中，D10 的 16 位加上 D11 的低 7 位共 23 位，为浮点数的尾数，而 D11 中除最高位的前 8 位是阶位，最高位是尾数的符号位（0 为正，1 为负）。十进制的浮点数也用一对数据寄存器表示，编号小的数据寄存器为尾数段，编号大的为指数段，例如使用数据寄存器（D1，D0）时，表示数为：

十进制浮点数 = 〔尾数 D0〕×10〔指数 D1〕

其中，D0、D1 的最高位是正负符号位。

（3）数据长度。

功能指令可处理 16 位数据或 32 位数据。处理 32 位数据的指令是在助记符前加"D"标志，无此标志即为处理 16 位数据的指令。注意 32 位计数器（C200 ~ C255）的一个软元件为 32 位，不可作为处理 16 位数据指令的操作数使用。如图 6 - 2 所示，若 MOV 指令前面带"D"，则当 X1 接通时，执行 D11D10→D13D12（32 位）。因此，在使用 32 位数据时，建议使用首编号为

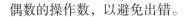

偶数的操作数，以避免出错。

2. FX3G 系列功能指令的执行方式

功能指令有连续执行和脉冲执行两种类型。如图 6 - 1 所示，指令助记符 MOV 后面有 P 表示脉冲执行，即该指令仅在 X0 接通（由 OFF 到 ON）时执行（将 D10 中的数据送到 D12 中）一次，而其他情况即使 X0 始终接通，都不会执行，采用这种方式可以缩短程序执行时间。如果没有 P 则表示连续执行，即在 X0 接通（ON）的每一个扫描周期指令都会被执行。指令 INC 前面的 D，表示寄存器的二进制位数为 32 位的数据，如果没有 D 则表示默认为 16 位的数据。

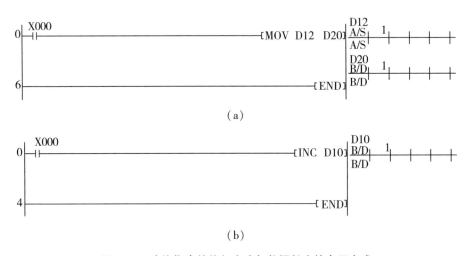

图 6 - 1  功能指令的执行方式与数据长度的表示方式

# 6.2  数据传送指令 ［MOV（P）］

传送指令的编号为 FNC12，该指令的功能是将源数据传送到指定的目标。如图 6 - 2 所示，当 X0 为 ON 时，则将源数据或地址 D10 中的数据传送到目标软元件 D20 中。在指令执行时，D10 的数据会自动转换成二进制数。传送结束后，D10 内容保持不变，D20 的内容被 D10 的内容替代。当 X0 为 OFF 时，指令不执行，数据保持不变。

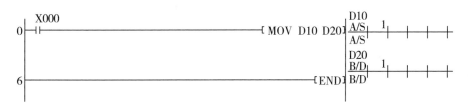

图 6 – 2　传送指令的使用示例

传送指令的使用说明：

（1）源操作数可取所有数据类型，目标操作数可以是 K、H、KnX、KnY、KnM、KnS、T、C、D、V、Z。

（2）MOV 有 16、32 位的脉冲执行方式，16 位运算时占 5 个程序步，32 位运算时占 9 个程序步。

# 6.3　位右移指令［SFTR（P）］

SFTR（位右移指令）的指令代码为 FNC34，它们的源操作数和目标操作数均为 X、Y、M、S。位右移指令的格式为：FNC34　SFTR［S·］［D·］$n1$ $n2$。其中，操作元件 $n1$ 指定目标操作元件［D·］的长度，操作元件 $n2$ 指定移位位数和源操作元件［S·］的长度。$n2 \leqslant n1 \leqslant 1024$，其功能是将 $n1$ 位（移动寄存器的长度）的位元件进行 $n2$ 位的右移。指令执行的是 $n2$ 位的移位。如图 6 – 3 所示，当 X10 由 OFF 变为 ON 时，执行右移过程，最后向右溢出。值得注意的是，若没有 P，在使用上述连续指令时，每个扫描周期都会进行一次位元件右移。

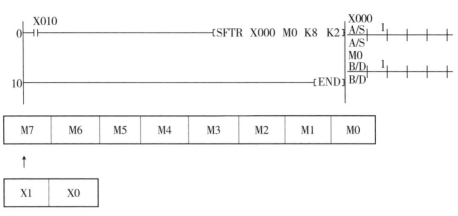

(1) X1，X0→M7，M6

(2) M7，M6→M5，M4

(3) M5，M4→M3，M2

(4) M3，M2→M1，M0

(5) M1，M0→右边溢出

图 6 - 3　位元件右移过程示意图

# 6.4　位左移指令［SFTL（P）］

SFTL（位左移指令）的指令代码为 FNC35，它们的源操作数和目标操作数均为 X、Y、M、S。位左移指令的格式为：FNC35　SFTL［S·］［D·］$n1$ $n2$。其中，操作元件 $n1$ 指定目标操作元件［D·］的长度，操作元件 $n2$ 指定移位位数和源操作元件［S·］的长度。$n2 \leqslant n1 \leqslant 1\,024$，其功能是将 $n1$ 位（移动寄存器的长度）的位元件进行 $n2$ 位的左移。指令执行的是 $n2$ 位的移位。如图 6 - 4 所示，当 X10 由 OFF 变为 ON 时，执行左移过程，最后向左溢出。值得注意的是，若没有 P，在使用上述连续指令时，每个扫描周期都会进行一次位元件左移。

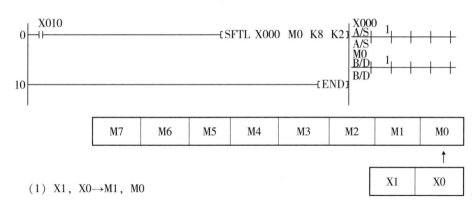

(1) X1，X0→M1，M0

(2) M1，M0→M3，M2

(3) M3，M2→M5，M4

(4) M5，M4→M7，M6

(5) M7，M6→左边溢出

图 6 - 4　位元件左移过程示意图

# 6.5　算术与逻辑运算指令
# (ADD/SUB/MUL/DIV/INC/DEC)

## 6.5.1　加法指令 [ADD (P)]

加法指令的编号为 FNC20，其指令格式为 FNC20　ADD (P) [S1·]
[S2·] [D·]，它将指定源元件中的二进制数相加结果送到指定的目标元件
中。如图 6 - 5 所示，当 X0 为 ON 时，执行（D10）+（D20）→（D30），
D10 和 D20 内容不变。

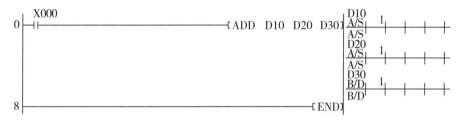

图 6 - 5　加法指令的使用示例

### 6.5.2　减法指令［SUB（P）］

减法指令的编号为 FNC21，其指令格式为 FNC21　SUB（P）［S1·］［S2·］［D·］，它将［S1·］指定元件中的内容以二进制形式减去［S2·］指定元件中的内容，其结果存入由［D·］指定的元件中。如图 6-6 所示，当 X0 为 ON 时，执行（D10）-（D20）→（D30），D10 和 D20 内容不变。

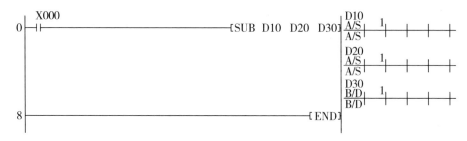

图 6-6　减法指令的使用示例

加法和减法指令的使用说明：

（1）操作数可取所有数据类型，目标操作数可取 K、H、KnX、KnY、KnM、KnS、T、C、D、V 和 Z。

（2）16 位运算占 7 个程序步，32 位运算占 13 个程序步。

（3）数据为有符号二进制数，最高位为符号位（0 为正，1 为负）。

（4）加法指令有三个标志：零标志（M8020）、借位标志（M8021）和进位标志（M8022）。当运算结果超过 32767（16 位运算）或 2147483647（32 位运算），则进位标志置 1；当运算结果小于 - 32767（16 位运算）或 -2147483647（32 位运算），则借位标志置 1。

### 6.5.3　乘法指令［（D）MUL（P）］

乘法指令的编号为 FNC22，其指令格式为 FNC22　（D）MUL（P）［S1·］［S2·］［D·］，数据均为有符号数，D 为 32 位，P 为脉冲执行方式。如图6-7所示，当 X0 为 ON 时，将二进制 16 位数［S1·］、［S2·］相

乘，结果送入 [D·]，即（D0）×（D2）→（D5，D4）（16 位乘法）；当 X1
为 ON 时，（D1，D0）×（D3，D2）→（D7，D6，D5，D4）（32 位乘法）。

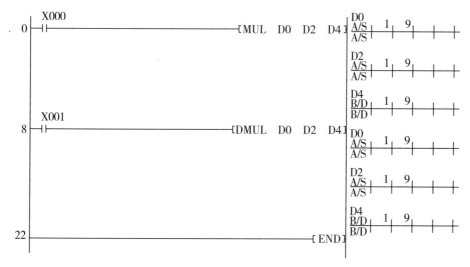

**图 6-7　乘法指令的使用示例**

## 6.5.4　除法指令 [（D）DIV（P）]

除法指令的编号为 FNC23，其指令格式为 FNC23　（D）DIV（P）
[S1·][S2·][D·]，D 为 32 位，P 为脉冲执行方式。其功能是将[S1·]
指定为被除数，[S2·] 指定为除数，将除得的结果送到 [D·] 指定的目标
元件中，余数送到 [D·] 的下一个元件中。如图 6-8 所示，当 X0 为 ON
时，（D0）÷（D2）→（D4）商，（D5）余数（16 位除法）；当 X1 为 ON 时，
（D1，D0）÷（D3，D2）→（D5，D4）商，（D7，D6）余数（32 位除法）。

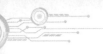 

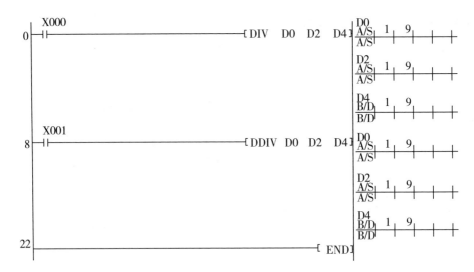

图 6 - 8　除法指令的使用示例

乘法和除法指令的使用说明：

（1）源操作数可取所有数据类型，目标操作数可取 K、H、KnX、KnY、KnM、KnS、T、C、D、V 和 Z。要注意 Z 只有 16 位乘法时能用，32 位不可用。

（2）16 位运算占 7 个程序步，32 位运算占 13 个程序步。

（3）32 位乘法运算中，如果用位元件作目标，则只能得到乘积的低 32 位，高 32 位将丢失。这种情况下应先将数据移入字元件再运算。除法运算中将位元件指定为 ［D·］，则无法得到余数，除数为 0 时发生运算错误。

（4）积、商和余数的最高位为符号位。

### 6.5.5　加 1 和减 1 指令 ［（D）INC（P）／（D）DEC（P）］

加 1 指令的编号为 FNC24；减 1 指令的编号为 FNC25。加 1 和减 1 指令格式为 FNC24　（D）INC（P）［D·］和 FNC25　（D）DEC（P）［D·］。加 1 和减 1 指令分别是当条件满足时，将指定元件的内容加 1 或减 1。如图 6 - 9 所示，当 X0 为 ON 时，（D10）+1→（D10）；当 X1 为 ON 时，（D11）-1→（D11）。若指令是连续指令（即 INC 或 DEC），则每个扫描周期均做一次加 1 或减 1 运算。

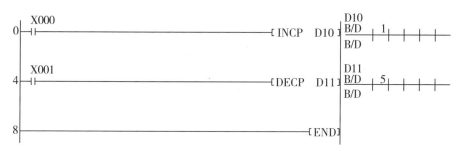

图 6 - 9　加 1 和减 1 指令的使用示例

加 1 和减 1 指令的使用说明：

（1）指令的操作数可为 K、H、K$n$X、K$n$Y、K$n$M、K$n$S、T、C、D、V、Z。

（2）当进行 16 位操作时，为 3 个程序步；当进行 32 位操作时，为 5 个程序步。

（3）在加 1 运算时，如果数据为 16 位，则由 + 32767 再加 1 变为 - 32768，且标志不置位；同样，32 位运算由 + 2147483647 再加 1 就变为 - 2147483648，标志也不置位。

（4）在减 1 运算时，16 位运算 - 32768 减 1 变为 + 32767，且标志不置位；32 位运算由 - 2147483648 减 1 变为 + 2147483647，标志也不置位。

# 6.6　数据处理和统计指令
## ( SUM/SQR/MEAN/CMP)

### 6.6.1　位数统计指令 ［（D）SUM（P）］

位数统计指令的编号为 FNC43，指令的格式为 FNC43　（D）SUM（P）［S·］［D·］，该指令是用来统计指定元件中 1 的个数。如图 6 - 10 所示，当 X0 有效时，执行 SUM 指令，将源操作数 D10 中 1 的个数送到目标操作数 D20 中，若 D10 中没有 1，则零标志（M8020）将置 1。

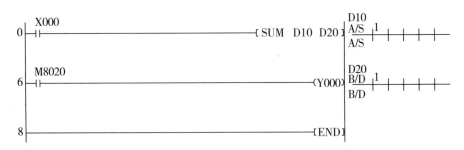

图 6-10　位数统计指令的使用示例

位数统计指令使用说明：

（1）源操作数可取所有数据类型，目标操作数可取 K、H、KnX、KnY、KnM、KnS、T、C、D、V 和 Z。

（2）16 位运算占 5 个程序步，32 位运算占 9 个程序步。

## 6.6.2　平方根指令 ［（D）SQR（P）］

平方根指令的编号为 FNC48，指令的格式为 FNC48　（D）SQR（P）［S·］［D·］。如图 6-11 所示，当 X0 有效时，则将存放在 D10 中的数开平方，结果存放在 D40 中（结果只取整数）。

图 6-11　平方根指令的使用示例

平方根指令的使用说明：

（1）源操作数可取 K、H、D，数据需大于 0，目标操作数为 D。

（2）16 位运算占 5 个程序步，32 位运算占 9 个程序步。

## 6.6.3　平均值指令（MEAN）

平均值指令的编号为 FNC45，指令的格式为 FNC45　（D）MEAN（P）［S·］［D·］ n，有的功能指令没有操作数，而大多数功能指令有一至四个操作数。图6-12为一个计算平均值指令,它有三个操作数,[S]表示源操作数,[D]表示目标操作数,如果使用变址功能,则可表示为[S·]和[D·]。当源或目标不止一个时,用[S1·]、[S2·]、[D1·]、[D2·]表示。用 $n$ 和 $m$ 表示其他操作数时,它们常用来表示常数 $K$ 和 $H$,或作为源和目标操作数的补充说明。当这样的操作数多时,可用 $n1$ 、 $n2$ 和 $m1$ 、 $m2$ 等来表示。

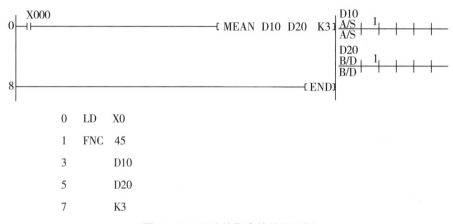

**图6-12  平均值指令的使用示例**

图6-12中源操作数为 D10、D11、D12,目标操作数为 D20,K3 表示有3个数。当 X0 接通时,取出 D10 ~ D12 的连续3个数据寄存器中的内容,求出其算术平均值后送入 D20 寄存器中。执行的操作为[(D10)+(D11)+(D12)]÷3→(D20)。平均值指令用来求 $n$ 个源操作数的代数和被 $n$ 除的商,余数舍去。元件个数在1~64之间,若 $n>64$,就会出错。

### 6.6.4  比较指令 (CMP)

比较指令的编号为 FNC10,指令的格式为 FNC10  (D) CMP (P)[S1·][S2·][D·],是将源操作数[S1·]和源操作数[S2·]的数据进行比较,比较结果用目标元件[D·]的状态来表示。如图6-13所示,当 X1 接通时,把常数100与 D20 的当前值进行比较,比较的结果送到 M0 ~ M2中。当 X1 为 OFF 时,不执行,M0 ~ M2 的状态也保持不变,输出 Y0 的状态受 D10 与 *K*3 常数的比较结果控制。

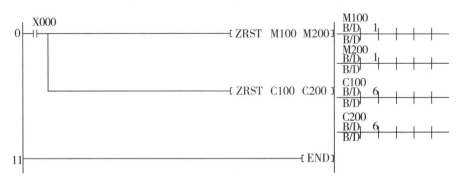

图 6 - 13　比较指令的使用示例

# 6.7　区间复位指令 ［ZRST（P）］

区间复位指令的编号为 FNC40，指令的格式为 FNC40 　（D）ZRST（P）［D1·］［D2·］，它将指定范围内的同类元件成批复位。如图 6 - 14 所示，当 X0 由 ON→OFF 时，位元件 M100 ~ M200 成批复位，字元件 C100 ~ C200 也成批复位。

图 6 - 14　区间复位指令的使用示例

区间复位指令的使用说明：

（1）［D1·］和［D2·］可取 Y、M、S、T、C、D，且应为同类元件，

同时，[D1·] 的元件号应小于 [D2·] 指定的元件号。若 [D1·] 的元件号大于 [D2·] 的元件号，则只有 [D1·] 指定的元件被复位。

（2）区间复位指令只有 16 位处理，占 5 个程序步。[D1·][D2·] 可以指定 32 位计数器，但是若一个指定了 16 位的计数器，另一个不能指定 32 位的计数器。

# 6.8　PLC 编程应用举例

例 1　利用 PLC 实现三相异步电动机的星形转三角形（Y−△）启动控制。如图 6−15 所示，KT 为时间继电器，KM₁，KM₂，KM₃ 为交流接触器，M 为三相电动机，FU₁，FU₂ 为熔断丝，FR 为热过载保护器。

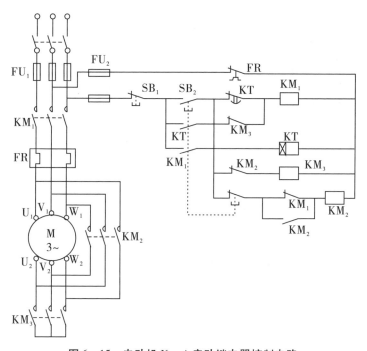

**图 6−15　电动机 Y−△启动继电器控制电路**

控制要求：按下启动按钮 SB₂，KM₁ 和 KM₃ 接通，电动机接成 Y 形，电动机启动；延时 5 秒后，KM₁ 和 KM₂ 接通，电动机接成△形，电动机持续运行。动作次序如图 6 – 16 所示。

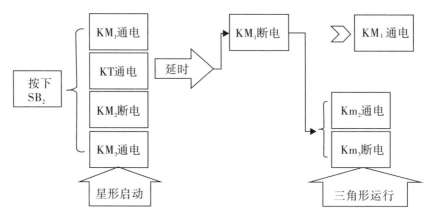

图 6 – 16　电动机的启动和运行次序

解：根据编程的四大步骤来分析：

（1）确定 I/O 分配表。

| 输入/I | | 输出/O | |
|---|---|---|---|
| SB₁　X1 | | KM₁ | Y1 |
| SB₂　X2 | | KM₂ | Y2 |
| | | KM₃ | Y3 |

（2）画出外部接线图。

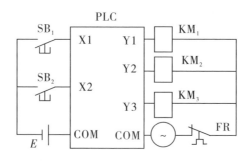

（3）编写梯形图。

（4）写出相应指令语句表。

| 步序 | 操作 | 元件 | 步序 | 操作 | 元件 |
|------|------|------|------|------|------|
| 0 | LD | X2 | 12 | LD | M0 |
| 1 | OR | M0 | 13 | ANI | T0 |
| 2 | ANI | X1 | 14 | OUT | Y3 |
| 3 | OUT | M0 | 15 | LD | T0 |
| 4 | LD | Y2 | 16 | OUT | T1　K10 |
| 5 | ORI | T0 | 19 | LD | T1 |
| 6 | ANB | | 20 | ANI | Y3 |
| 7 | OUT | Y1 | 21 | OUT | Y2 |
| 8 | LD | M0 | 22 | END | |
| 9 | OUT | T0　K50 | | | |

总结控制过程如下：

启动时，按下 $SB_2$，X2 常开触点闭合，此时 R0 接通，定时器接通，Y1、Y3 也接通，$KM_1$、$KM_3$ 接触器接通，电动机进入星形降压启动。延时 5 秒后，定时器 T0 动作，其常闭触点断开，使 Y1、Y3 断开，$KM_1$、$KM_2$ 断开。T0 的常开触点闭合，接通定时器 T1，延时 1 秒后，T1 动作，Y1、Y2 接通，$KM_1$、$KM_2$ 接通，电动机三角形联结，进入正常工作。

例 2　加热炉自动上料控制。图 6 – 17 为加热炉自动上料系统的炉门和推料电动机主线路图。通过电动机的正反转控制炉门的"开"和"关"以及推料机的"前进"和"后退"动作。

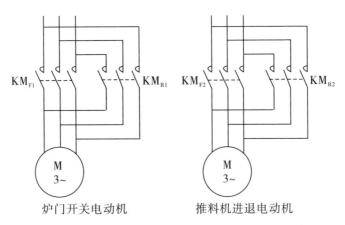

**图 6 – 17　加热炉自动上料系统两个电动机的主线路图**

对应的继电器控制线路图如图 6 – 18 所示，其中，$SB_1$ 为停车按钮，$SB_2$ 为启动按钮，$SQ_a$ 为炉门上限位开关，$SQ_b$ 为推料机前限位开关，$SQ_c$ 为推料机后限位开关，$SQ_d$ 为炉门下限位开关；$KM_{F1}$ 为炉门开启接触器，$KM_{R1}$ 为炉门关闭接触器，$KM_{F2}$ 为推料机前进接触器，$KM_{R2}$ 为推料机后退接触器。系统控制要求：系统启动时，先将炉门打开。当炉门打开到最大时，推料机进，送料入炉。上料后，推料机退回到原位，并将炉门关闭。

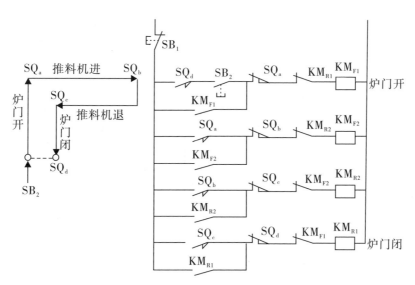

图 6 – 18　加热炉自动上料系统继电器的控制电路

解：根据编程的四大步骤来分析：

（1）确定 I/O 分配表。

| 输入/I | | 输出/O | |
|---|---|---|---|
| $SB_1$　X1 | $KM_{F1}$ | | Y1 |
| $SB_2$　X2 | $KM_{R1}$ | | Y2 |
| $SQ_a$　X3 | $KM_{F2}$ | | Y3 |
| $SQ_b$　X4 | $KM_{R2}$ | | Y4 |
| $SQ_c$　X5 | | | |
| $SQ_d$　X6 | | | |

（2）画出外部接线图。

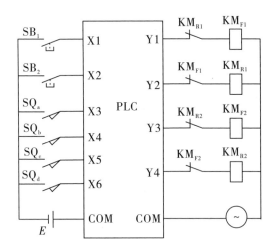

（3）编写梯形图。

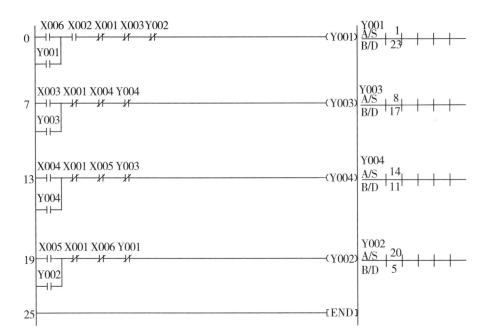

（4）写出相应指令语句表。

| 步序 | 操作 | 元件 | 步序 | 操作 | 元件 | 步序 | 操作 | 元件 | 步序 | 操作 | 元件 |
|---|---|---|---|---|---|---|---|---|---|---|---|
| 0 | LD | X6 | 7 | LD | X3 | 14 | OR | Y4 | 21 | ANI | X1 |
| 1 | AND | X2 | 8 | OR | Y3 | 15 | ANI | X12 | 22 | ANI | X6 |
| 2 | OR | Y1 | 9 | ANI | X1 | 16 | ANI | X5 | 23 | ANI | Y1 |
| 3 | ANI | X1 | 10 | ANI | X4 | 17 | ANI | Y3 | 24 | OUT | Y |
| 4 | ANI | X3 | 11 | ANI | Y4 | 18 | OUT | Y4 | 25 | END | |
| 5 | ANI | Y2 | 12 | OUT | Y3 | 19 | LD | X5 | | | |
| 6 | OUT | Y1 | 13 | LD | X4 | 20 | OR | Y2 | | | |

例 3　三色流水灯设计。如图 6 - 19 所示，试设计一个三色流水灯 PLC 控制系统。要求：按下点动按钮 $SB_1$，三色灯 ABC 以 A - AB - B - BC - C - CA - A 进行循环亮灯，亮灯与熄灯间隔均为 1 秒；按下 $SB_2$，三色灯全部熄灭。

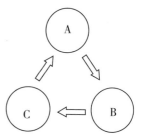

图 6 - 19　三色灯系统

解：根据编程的四大步骤来分析：

（1）确定 I/O 分配表。

| 输入/I | | 输出/O | |
|---|---|---|---|
| $SB_1$ 　X1 | | A | Y1 |
| $SB_2$ 　X2 | | B | Y2 |
| | | C | Y3 |

（2）画出外部接线图。

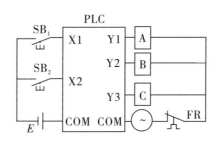

（3）编写梯形图。

```
      X001 X002                                              M0
0 ─┤├──┤/├──────────────────────────────────────( M0 )    A/S │ 1 │ 4 │ 11│   │
   │                                                        A/S
   │  M0
   ├─┤├─

      M0   M10                                              T0
4 ─┤├──┤├──────────────────────────────────────( T0  K10)  A/S │ 9 │   │   │
                                                            A/S

      T0                                                    M10
9 ─┤├───────────────────────────────────────────( M10 )    A/S │ 5 │ 22│   │
                                                            B/D │ 44│   │

      M0   T2                                               M20
11 ─┤├──┤/├─────────────────────────────────────( M20 )    A/S │ 19│   │   │
    │                                                       A/S
    │
    └──────────────────────────────────────────( T2  K10)  T2
                                                            B/D │ 13│   │
                                                            B/D

      M20                                                   M100
19 ─┤├───────────────────────────────────────────(M100 )   A/S │ 23│   │   │
    │                                                       B/D │ 46│   │
    │ M106
    ├─┤├─

      M10                                                   M100
22 ─┤├────────────────────────[SFTL M100 M101  K6  K1 ]     A/S │ 23│   │   │
                                                            B/D │ 46│   │
                                                            M101
                                                            A/S │ 32│   │   │
      M101                                                  B/D │ 23│   │
32 ─┤├───────────────────────────────────────────(Y001 )
    │
    │ M102
    ├─┤├─
    │
    │ M106
    └─┤├─
```

（4）写出相应指令语句表。

| 步序 | 操作 | 元件 | 步序 | 操作 | 元件 |
|---|---|---|---|---|---|
| 0 | LD | X1 | 22 | LD | M10 |
| 1 | OR | M0 | 23 | SFTL | M100 M101 K6 K1 |
| 2 | ANI | X2 | 32 | LD | M101 |
| 3 | OUT | M0 | 33 | OR | M102 |
| 4 | LD | M0 | 34 | OR | M106 |
| 5 | AND | M10 | 35 | OUT | Y1 |
| 6 | OUT | T0　K10 | 36 | LD | M102 |
| 9 | LD | T0 | 37 | OR | M103 |
| 10 | OUT | M10 | 38 | OR | M104 |
| 11 | LD | M0 | 39 | OUT | Y2 |
| 12 | MPS | | 40 | LD | M103 |
| 13 | ANI | T2 | 41 | OR | M104 |
| 14 | OUT | M20 | 42 | OR | M105 |
| 15 | MPP | | 43 | OUT | Y3 |
| 16 | OUT | T2　K10 | 44 | LDF | M10 |
| 19 | LD | M20 | 45 | ZRST | M100 M106 |
| 20 | OR | M106 | 51 | END | |
| 21 | OUT | M100 | | | |

## [PLC 原理习题]

1. 试解释以下两种型号 PLC 的基本信息和含义。

FX3G – 40MR/DS

FX3G – 40MT/DSS

2. 请指出图 6 – 20 中各梯形图违反了哪些编程原则，并改正。

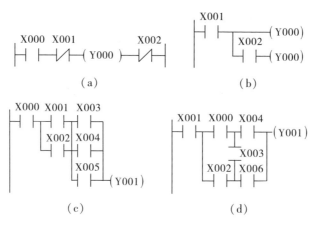

图 6 – 20　梯形图

3. 请根据图 6 – 21 中的梯形图，写出对应的指令语句表，并计算程序的总步数。

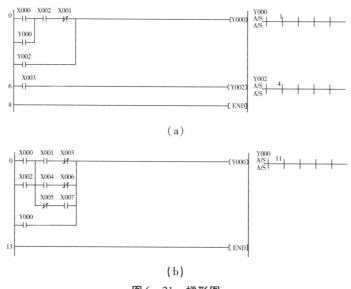

图 6 – 21　梯形图

4. 请根据表 6-1 中的指令语句表，画出相应的梯形图。

表 6-1 指令语句表

| 步序 | 操作 | 元件 | 步序 | 操作 | 元件 |
|---|---|---|---|---|---|
| 0 | LD | X000 | 11 | MRD | |
| 1 | AND | X001 | 12 | AND | X004 |
| 2 | MPS | | 13 | OUT | Y003 |
| 3 | AND | X002 | 14 | MRD | |
| 4 | OUT | Y000 | 15 | ANDI | X005 |
| 5 | MPP | | 16 | OUT | Y004 |
| 6 | OUT | Y001 | 17 | MPP | |
| 7 | LDI | X003 | 18 | AND | Y002 |
| 8 | MPS | | 19 | OUT | Y005 |
| 9 | AND | Y001 | 20 | END | |
| 10 | OUT | Y002 | | | |

5. 根据图 6-22 中的时序图，编写满足相应控制要求的梯形图，X0、X1 为输入按钮，M0、M1 为中间辅助继电器，Y0 为输出。

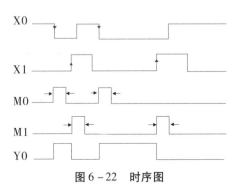

图 6-22 时序图

6. 试设计电动机点动与长动控制的 PLC 控制系统。要求：按下 $SB_1$（长动按钮），电动机连续运转；按下 $SB_2$，电动机做点动运转；按下 $SB_3$，电动机停止运转。设计步骤需含继电器控制电路、I/O 分配表、外部接线图、梯形图和指令语句表。

7. 设计一个由五盏灯 ABCDE 构成的流水灯 PLC 控制系统。控制流程：接上电源，并闭合开关 X1 后，五盏灯以 A - B - C - D - E - A - AB - CD -

EA – ABC – DEA – ABCDE – A 循环交替闪烁，亮灯与熄灯时间间隔均为 1 秒。要求画出外部接线图和梯形图。

8. 请用 PLC 内部定时器设计一个延时电路。控制要求：①X0 和 X1 为点动按钮；②当按下 X0 时，Y0 延时 5 秒后才接通；③当按下 X1 时，Y0 延时 3 秒后才断开。要求画出梯形图和元件 X0、X1、Y0 的时序图。

# 下 编

## PLC实训

# 第 7 章　实训要求

**本章概述**

　　PLC 原理与应用是实践性很强的专业基础理论课，PLC 实训是该课程的重要教学环节之一。通过做实验，学生能受到必要的基本实验技能的训练，能编写简单的梯形图和做不太复杂的 PLC 实验，养成严谨的科学作风，加深和巩固对 PLC 相关理论知识的理解，提高分析问题和解决问题的能力，为从事工程技术工作与科学研究工作在实验能力上打下扎实基础。

　　本实验课程的学习，要求学生做到以下几点：

　　（1）巩固和加深所学的 PLC 相关理论知识。

　　（2）能独立连接简单的 PLC 控制电路，并采用正确的方法进行实验；能准确观察和记录实验数据、掌握梯形图和指令语句表的编程方法、整理实验数据、分析实验结果、撰写实验报告。

　　（3）具有一定的计算机和网络通信知识。

　　（4）养成严肃认真的实验习惯、实事求是的科学态度和爱护公物的优良品德。

　　为达到以上的要求和目的，学生们在每一次实验时，必须认真做好实验前的预习，细心进行实验，认真完成实验后的总结以及实验报告的撰写。

## 7.1　实验前的预习

　　每次实验前，学生应详细阅读实验材料，明确本次实验的目的与任务，掌握必要的实验理论和方法，明确实验内容及实验步骤，了解实验仪器和设备的使用方法，思考讲义中给出的程序和实验内容，并在此基础上简要地写出一份预习报告。内容包括：

（1）实验名称、日期、班级、学生姓名、学号。

（2）讲义中要求的预习内容和预先计算的内容。

（3）实验内容：

■实验 1

实验 1 的名称（做什么内容）；

梯形图或控制过程；

外部接线图。

■实验 2

实验 2 的名称（做什么内容）；

梯形图或控制过程；

外部接线图。

预习报告应在实验前由指导教师审阅，没有预习报告或预习报告不通过者不准参加实验。实验时，可直接把数据及图形记录于预习报告中。

# 7.2 实验注意事项

良好的工作方法和正确的操作程序是实验顺利进行的保证，因此，实验时要求学生做到：

（1）实验课开始时要认真聆听教师对实验的介绍。

（2）按编号入座后，应先检查仪器、设备是否齐全和完好，如发现问题，应立即报告教师。接线前应熟悉实验设备、仪器和仪表，了解它们的性能、额定值和使用方法。

（3）根据教材的实验接线电路图，正确连接实验线路和仪器、仪表。完成接线后，不要立即接电源，要先对照电路图检查是否存在误接或漏接的情况。确定电路没有接错后，才接上直流电源。

（4）电路接通后，不要急于测量数据。首先应将实验过程完整操作一遍，概略地观察全部现象或进行模拟监视，然后开始逐项实验，有选择地观察现象和读取几组数据（便于检查和临时计算）。

（5）实验过程中，不要只埋头读数和记录，应该注意是否出现异常现象。如有异常现象，应首先切断电源，然后查找原因，待问题解决后再继续进行实验。

（6）数据测量完毕后，应断开电源，但不要忙于拆除线路或删除程序，先检查数据有无遗漏和分析实验结果是否正确，然后送交教师检查。经教师检查签字后，才可以拆掉电路和删除程序，以免因为数据错误，还需重新输入程序和接线测量，浪费时间。

（7）实验结束后，要做好桌面清理和程序保存，完成仪器设备和导线的整理以及环境的清洁工作后，才可以离开实验室。

# 7.3　实验记录与报告要求

对于理工科学生来说，撰写实验报告是一种基本的技能训练。撰写实验报告，能够深化学生对基础理论知识的认识，提高基础理论知识的应用能力；提高记录与处理实验数据、分析与判断实验结果的能力；培养严谨的学风和实事求是的科学态度；锻炼科技文章的写作能力，等等。因此，撰写实验报告是实验工作中不可缺少的一个重要环节，不可忽视。

实验报告是对实验工作的全面总结，要求在完成实验的基础上，对实验现象进行仔细分析，对实验数据进行整理计算和总结分析，用简明的形式将实验结果完整和真实地表达出来。实验报告内容要文理通顺、简明扼要、字迹端正、图表清晰、结论正确、分析合理。需将实验报告统一写在学校教材科提供的专用实验报告纸上，每次实验报告写好后连同记录原始数据的预习报告一起订好，交给教师批阅。

1. 实验记录要求

先做好预习；按实验规程进行编程和接线操作；根据实验记录纸的内容完成操作，经教师检查认可后，记录实验结果。

实验结果包括以下内容：

（1）观察到的实验现象。

（2）实验结果分析：根据实验记录中的时序图分析程序的运行过程。

（3）实验改进：通过本实验，如认为采用的程序有需要完善的地方，则在此说明。

2. 实验报告要求

明确实验目的；了解实验要求，即本实验所要求完成的控制任务；掌握实验方法；根据实验要求分配输入/输出接点；画出 PLC 输入/输出接线图；设计出梯形图（如采用讲义中给出的梯形图，则只需说明即可）。

# 7.4  实验室守则

（1）实验前，明确实验目的，做好实验预习，掌握实验原理，了解设备性能，严格遵守操作规程，做到实验内容及步骤心中有数。

（2）必须爱护实验仪器设备和材料，节约用电。未经实验指导教师同意，不得随意搬动和调换仪器设备。

（3）实验过程中，仪器设备如出现故障，应立即切断电源并报告指导教师处理，严禁私自拆卸。因违反操作规程而造成损坏设备者，要按学校有关规定进行赔偿。

（4）实验完毕，应关闭仪器设备的电源，整理好所用的仪器设备、实验装置、工具、连接线等，并保持实验室整洁。经指导教师检查并在原始实验数据上签名后，方能离开。

（5）不得擅自取走实验室的仪器设备和实验器材，违反者给予纪律处分。

（6）保持实验室安静，不得喧哗、吵闹、追逐；严禁在实验室内吸烟，吃、喝东西，不得随地乱丢杂物。

（7）自觉遵守实验室有关规章制度，违纪者视情节轻重给予批评教育和处分。

# 7.5　实验室安全措施

为了人身与设备安全，保证实验顺利进行，进入实验室后要遵守实验室的规章制度和实验室安全规则。

1. 人身安全

（1）做实验时要穿胶鞋，不得赤脚及穿拖鞋；各种仪器设备应有良好的地线。

（2）仪器设备、实验装置中通过强电的连接导线应有良好的绝缘外套，芯线不得外露。

（3）在进行强电或具有一定危险性的实验时，应有两人及以上合作；测量高压时，通常采用单手操作并站在绝缘垫上。在接通 220V 交流电源前，应通知实验合作者。

（4）若突发触电事故，应迅速切断电源，如距电源开关较远，可用绝缘器具将电源线切断，使触电者立即脱离电源，并对其采取必要的急救措施。

2. 仪器安全

（1）使用仪器前，应认真阅读使用说明书，掌握仪器的使用方法和注意事项。

（2）使用仪器时，应按照要求正确接线。

（3）实验过程中，要有目的地拨（旋）动仪器面板上的开关（或旋钮），拨（旋）动时切忌用力过猛。

（4）实验过程中，精神必须集中。当嗅到焦臭味、看到冒烟和火花、听到噼啪声、感到设备过烫及发现保险丝熔断等异常现象时，应立即切断电源。在故障排除前，不得再次开机。

（5）搬动仪器设备时，必须轻拿轻放；未经允许不得随意调换仪器设备，更不准擅自拆卸仪器设备。

（6）仪器使用完毕，应将面板上各旋钮、开关置于合适的位置，如 PLC 电源开关应打至"OFF"位置等。

# 第 8 章　PLC 实验装置和编程软件

## 本章概述

　　"YTPLC－2 网络型可编程逻辑控制器及电气控制实验装置"是专为"可编程逻辑控制器技术"和"电气控制"课程配套设计的，它由控制屏、实验桌组成，集大中型可编程逻辑控制器、通信模块、编程软件、MCGS 工控组态软件、模拟控制实验板、实物等于一体。在该装置上，可直观地进行 PLC 的基本指令练习、多个 PLC 实际应用的模拟实验及实物实验、有关的电气控制实验，所有实验均有组态棒图进行动态跟踪。主机配备采用三菱 FX 系列可编程逻辑控制器。设有电流型漏电保护器，控制屏若有漏电现象，漏电超过一定值，即切断电源，对人身安全起到一定的保护作用。

　　实验装置（如图 8－1 所示）是根据"可编程逻辑控制器技术"和"电气控制"教学实验大纲的要求，以及 PLC 课程教学实验设备的需求和建议而新开发的实验装置。为了切合教学要求，设计过程中参考了国内多种教材，所选实验最具典型性。

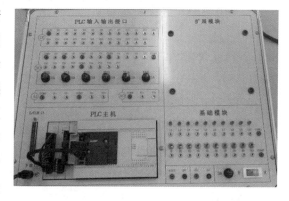

**图 8－1　YTPLC－2 网络型可编程逻辑控制器及电气控制实验装置**

# 8.1 基础实验装置简介

## 8.1.1 实验装置特点

（1）装置采用组件式结构，更换便捷，如需要扩展功能或开发新产品，只需添加新部件即可。

（2）实验现象形象逼真，通过本实验装置的训练，学生可快速适应工业现场的工作环境。

（3）三菱 FX 系列可编程逻辑控制器，功能强大、性能优越，采用模块化设计，组合灵活，用户可根据不同的需要组成不同的控制系统。

（4）实验项目齐全，含数字量、模拟量、变频调速、触摸屏、网络通信及电气控制等。

（5）对于数据采集和工控组态软件的应用开发，所有实验均有组态棒图跟踪教学。

（6）用户可选两种网络通信模式：485 通信或 CC – Link 通信。可根据实验室建设的需要，选择所需的通信模式。

## 8.1.2 包含部件

1. SMS – 01 型控制屏

（1）交流电源功能板。

三相四线 380V 交流电源供电，由三只电网电压表监控电网电压，并有三只指示灯指示，带灯保险丝保护，控制屏的供电可钥匙开关和启停开关控制。

（2）直流电源、给定单元、定时器兼报警记录仪。

提供 +5V/1A 和 +24V/1A 直流稳压电源各一路，三位半数显；

提供给定（ +15、–15 可调电压输出）；

提供定时器兼报警记录仪，平时可作时钟使用，具有设定时间、定时报警、切断电源等功能；还可以自动记录接线或操作错误所造成的漏电告警次数。

（3）PLC 主机实验组件（三选一）及各实验挂件。

本实验装置共有三种型号的三菱主机供用户根据自身的需要加以选用。

①FX1N－40MR－001，AC/DC/继电器内置数字量 I/O（24 路开关量输入，16 路继电器输出），配 FXON－3A 模拟量模块（2 路模拟量输入，1 路模拟量输出），FX2N－485－BD 通信模块。

②FX2N－48MR－001，AC/DC/继电器内置数字量 I/O（24 路开关量输入，24 路继电器输出），配 FXON－3A 模拟量模块（2 路模拟量输入，1 路模拟量输出），FX2N－485－BD 通信模块。

③FX2N－48MR－001，AC/DC/继电器内置数字量 I/O（24 路开关量输入，24 路继电器输出），配 FXON－3A 模拟量模块（2 路模拟量输入，1 路模拟量输出），FX2N－32CCL 通信模块。

2. SMS－2 实验桌

实验桌采用铁质喷塑结构，桌面为防火耐磨高密度板，有宽敞的工作台面。实验桌设有两个抽屉，用于放置连接线、编程器、资料等。该装置整体结构紧凑，工艺先进，造型美观大方，是一套普及型的实验装置。

## 8.1.3　操作和使用说明

1. 装置的启动、交流电源控制

（1）将装置后侧的四芯电源插头插入三相交流电源插座。

（2）控制屏内装有过压保护装置，对主机进行过压保护。当电源电压超过主机所能承受的范围，会自动报警并切断电源，使主机不会因承受过高的电源电压而损坏。

（3）设有电源总开关和漏电保护装置，以确保操作和人身安全。

2. 实验连接及使用说明

（1）为了使主机的输入/输出接线柱和螺钉不因实验时频繁的装拆而损坏，本装置设计时已将这些接点用固定连接线连到实验面板的固定插孔处。实验面板上容易接错导致系统损坏的部分线路，以及一些对学生无技能要求的线路已经连好，其他线路则可采用厂家定制的锁紧叠插线进行连线。

（2）编程时，先用编程电缆将主机和计算机连起来，再将主机上的"RUN/STOP"开关置于"STOP"状态，即可将程序写入主机。

（3）实验时，断开电源开关，按实验要求接好外部线路。检查无误后，接通电源开关，将主机上的"RUN/STOP"开关置于"RUN"状态，即可按要求进行实验。

（4）在进行"电气控制技术"与"变频调速控制技术"系列实验时，实验前务必将交流电源功能板模块的开关置于"关"位置。连好实验接线，在指导老师检查无误后，才可将这一开关接通，请千万注意人身安全。在进行"PLC 典型控制模拟及应用实验"时，只要将主机的 +24V 电源与各实验模块的 24V 输入相连；将输入 COM 端与实验模块中的 COM 端相连；将主机输出端的 COM1、COM2、COM3、COM4、COM5 与主机输入端的 COM（0V）相连即可。

3. 挂箱挂置的具体方法

控制屏正面大凹槽内，设有两根方形不锈钢管，可挂置实验部件，凹槽底部设有三芯等插座，挂件的供电由这些插座提供。控制屏两侧设有单相三极 220V 电源插座及三相四极 380V 电源插座。

## 8.1.4　配置和技术性能

FX3G 系列属于第 3 代标准机型，使用简便的一体化机型及灵活的扩展性，凝缩了 FX3 系列一贯的使用方便性。FX3 系列内置 CPU、电源、输入/输出，在保持 FX1N 方便性的同时，也提升了性能。可安装使用 FX3 系列的特殊适配器及功能扩展板，其适合小规模的控制。

（1）实验箱尺寸：长 × 宽 × 高 ≤550mm × 400mm × 180mm；实验小模块尺寸：长 × 宽 × 高 = 150mm × 120mm × 45mm（其外形尺寸保证其能放入实验桌柜中）。

（2）输入电源：三相四线 380V ±5%　50Hz；实验电源：+24V/1A。

（3）工作环境：温度 −10℃ ~ +40℃，相对湿度 <85%（25℃）。

（4）主机：三菱 FX3G − 40MR − CM PLC（AC/DC/RELAY），内置数字

量 I/O（24 路数字量输入，16 路数字量输出）；FX3U – 3A – ADP 模拟量模块，集成模拟量 I/O（2 路模拟量输入，1 路模拟量输出）；FX3G – 485 – BD 通信模块，配套通信编程电缆。

（5）扩展接口：配套 16 种实训模块，可拓展升级。"PLC 输出继电器转换板"模块，增加低压电气元件，可完成基础电工实训。

（6）控制规模：14 ~ 128（FX3G 基本单元：14/24/40/60 点。使用 CC – Link 远程 I/O 时为 256 点）。

## 8.1.5　设备接线

PLC 设备的接线分主机和扩展模块两部分，这里只介绍主机部分以及扩展模块的电源和接地部分，如表 8 – 1 所示，具体接线图如图 8 – 2 所示。扩展模块的其他部分接线由于各个实验有所不同，在下一章中分别介绍。

表 8 – 1　主机接口表

| 接口类型 | 端口连接方式 |
| --- | --- |
| 电源 | S/S— + 24V |
| 接地端 | COM0 ~ COM5—0V（0 ~ 5 根据需要接） |
| 扩展模块电源 | COML/COMS— + 24V 或 + 5V |
| 扩展模块接地端 | COM—0V |

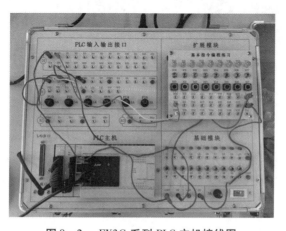

图 8 – 2　FX3G 系列 PLC 主机接线图

# 8.2 实物装置

在 PLC 课程综合设计实验部分，需要的扩展模块使用了更接近真实工业或生产应用情况的实物装置，如机器人、智能温控、小车运动、四层电梯、变频恒压供水……限于篇幅和实验室条件，这里主要介绍机器人、智能温控和小车运动三种实物。

1. 机器人

如图 8 - 3 所示，机器人有 6 足 18 个关节，配有 18 只伺服电机（航模舵机），学生通过编程能够实现对其较为复杂的运动控制，以及对爬行教学机器人的感知和操作。采用强大的控制器，可以实现电脑图形化编程、舵机防反接、智能防堵转等控制，可供学生参加学术竞赛、毕业设计以及实训教学。

图 8 - 3　6 足 21 自由度爬行机器人实物图

2. 智能温室控制模型（模拟量控制）

如图 8 - 4 所示，智能温室控制模型主要由温度设定、风机变速、光照控制和上位机软件控制等部分组成。温度的控制过程是将温度检测传感器采集的内、外部环境温度与设定温度值进行比较，PLC 模拟量模块根据温差值输出模拟量来控制加热器电压，从而控制加热的快慢，根据温差值给出风机相应信号来切换风机的高速、低速、停止三种运行模式。光照控制是根据温差值及内外光照信号来控制遮光网的动作。整个实训过程既可以通过上位机软件进行控制和实时监控，又可进行手动控制。利用该模型能开展对智能温室的安装、维护和设备操作等技能训练和实训教学。

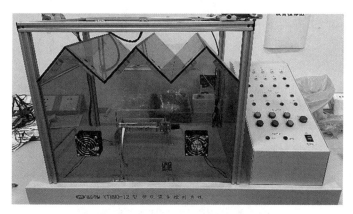

**图 8 - 4　智能温室控制模型实物图**

### 3. 小车运动模型

如图 8 - 5 所示，该模型主要由运动小车（直流电机驱动）、同步带轮传动机构、直流电机、光电传感器、电感式传感器、电容式传感器、超声波传感器、行程开关等组成，通过传感检测、PLC 编程，实现运动距离测量、传动控制、键值优化比较行走控制、定向控制、定位控制、报警运行控制、点动控制、位置显示控制等，能实现小车的精确定位。该系统外观精美，体积紧凑，重量轻，能满足可编程逻辑控制器技术的教学、课程设计和毕业设计。

**图 8 - 5　YTMMO - 3 型小车运动模型实物图**

# 8.3　编程软件的使用

FX3G 系列 PLC 使用的编程软件为 GX Works2，软件安装见相关说明书。软件安装完成后，在桌面生成 GX Works2 的图标，如图 8 - 6 所示。

**图 8 - 6　GX Works2 安装完成后的电脑桌面图标**

GX Works2 的使用步骤如下：

1. 打开软件

双击 GX Works2 图标，出现软件界面，如图 8 - 7 所示。

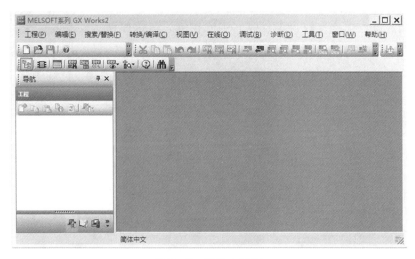

**图 8 - 7　软件主界面**

2. 新建工程

点击“工程”→“新建工程”，工程类型、PLC 系列和 PLC 类型分别选择“简单工程”“FXCPU”和“FX3G/FX3GC”，程序语言默认“梯形图”，如图 8 – 8 所示。

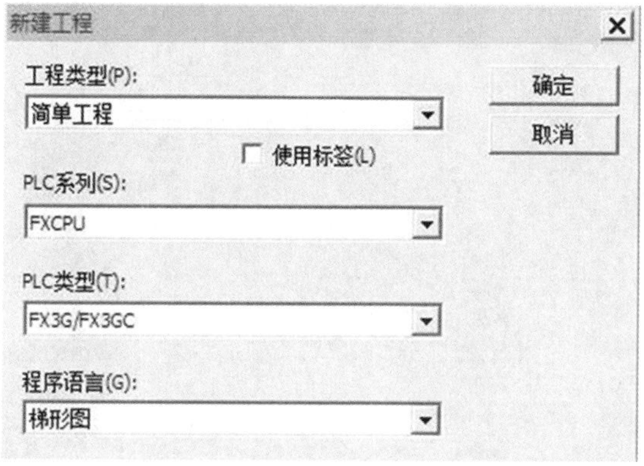


图 8 – 8　新建工程界面

这一步非常重要，选择错误会导致无法编译或 PLC 无法识别程序。点击“确定”后，出现空白的编程界面，如图 8 – 9 所示。

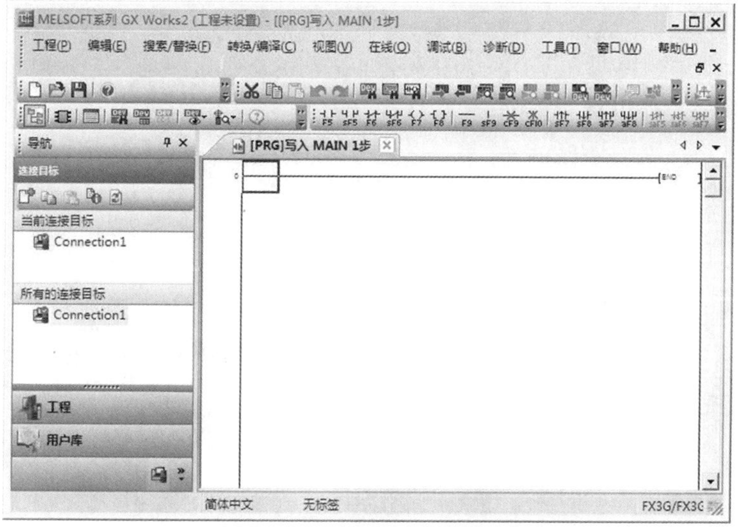


图 8 – 9　编程空白界面

3. 通信测试

双击软件界面左边连接目标"Connection1"进入 PLC 主机与电脑的通信测试，如图 8 – 10 所示。

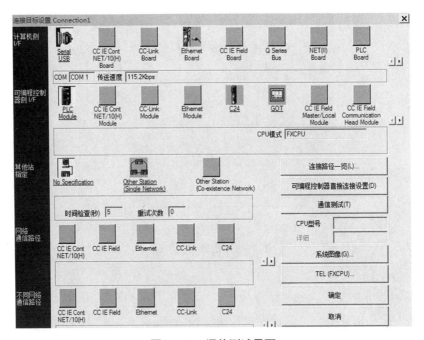

图 8 – 10　通信测试界面

进行通信测试时，需注意以下几点：

（1）通信插口接线正确；

（2）PLC 类型选择正确；

（3）Serial USB（比如 COM3）选择正确；

（4）PLC 处于通信状态，而非运行状态，即 RUN 灯熄灭。

确认了以上几点后，点击"通信测试（T）"，若通信状态异常，将出现如图 8 – 11 所示的警告框；若通信状态正常，将出现如图 8 – 12 所示的提示框。确定通信状态正常后，点击"确定"。

图 8 – 11　通信状态异常警告框

图 8 – 12　通信状态正常提示框

4. 编写梯形图

　　确认通信状态正常后，便可以开始编写梯形图。接下来进行简单的梯形图编写举例。点击常开触点"F5"的图标，弹出如图 8 – 13 所示的输入框；在输入框内填入"x0"，点击"确定"后，将出现如图 8 – 14 所示的界面图；继续输入"y0"，点击"确定"后，输入［END］，完成编程。

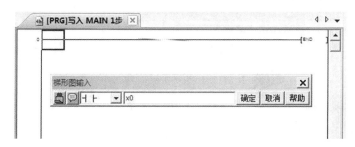

图 8 – 13　编程"输入"界面（输入"x0"）

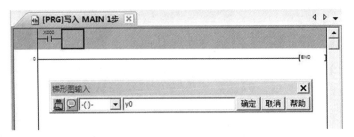

图 8-14 常开触点"输出"界面（输出"y0"）

5. 编译

梯形图编写完成后，编程界面的元件部分为深灰状态，此时可以进行编译。如图 8-15 所示，点击"转换/编译"→"转换（所有程序）（R）"，原来深灰部分将变成白色状态，如图 8-16 所示。此时，梯形图左边出现步数提示，编译完成。

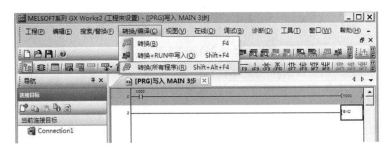

图 8-15 完成编写的程序界面

图 8-16 完成编译的界面

6. 程序写入 PLC

将编译完成的程序写入 PLC 之前，必须注意两点：

（1）打开 PLC 电源，关掉 PLC 运行状态：RUN "OFF"。

（2）进行 PLC 内存清除 ［"在线" → "PLC 存储器操作（O）" → "PLC 存储器清除（C）"］。

点击"在线" → "PLC 写入（W）"，如图 8 – 17 所示。弹出如图 8 – 18 所示选择界面，选择"程序（程序文件）"和"参数"，然后点击"执行（E）"，弹出如图 8 – 19 所示界面，说明程序写入完成。接下来，便可以进行 PLC 的物理接线和演示，接线界面如图 8 – 2 所示。

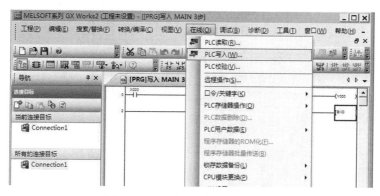

**图 8 – 17　程序写入 PLC 操作界面**

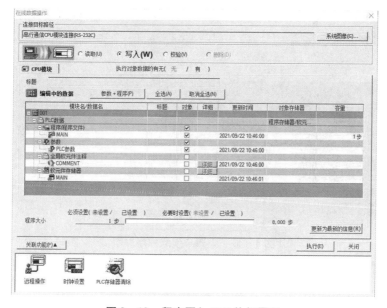

**图 8 – 18　程序写入 PLC 执行界面**

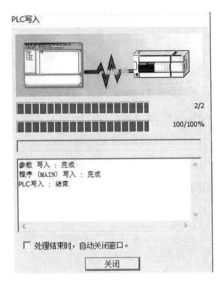

图 8 - 19　程序写入 PLC 完成界面

### 7. PLC 程序读取

电脑上的程序可以写入 PLC 主机，反过来 PLC 中的程序也可以读取到电脑。此功能为正在运行的程序的修改提供便利。如图 8 - 20 所示，点击"在线"→"PLC 读取（R）"。使用此功能时要确认电脑当前程序已经保存妥当，否则会将当前程序覆盖。

图 8 - 20　从 PLC 读取程序界面

# 第 9 章　PLC 实训内容

**本章概述**

　　本章包括基础实验模块和综合设计模块两部分。基础实验模块是在实验箱主机的基础上加一些扩展模块构成，可以完成一些基本逻辑、定时器、计数器等基本指令和大部分功能指令的实验；综合设计模块主要针对实物和设计性实验，使温度、位置等模拟量控制得到体现，相对贴近真实情形，能增强学生对 PLC 控制的感性理解。

## 9.1　基础实验模块

### 实验 1　基本指令的编程练习

　　在模拟实验挂箱中的基本指令编程练习实验区完成本实验。

　　图 9 - 1 中的接线孔通过防转座插锁紧线与 PLC 主机相应的输入/输出插孔相接，X$i$ 为输入点，Y$i$ 为输出点。图中第二、三排 X00 ~ X17 为输入按键和开关，模拟开关量的输入。第一排 Y00 ~ Y10 是 LED 指示灯，接 PLC 主机输出端，用以模拟输出负载的接通与断开。

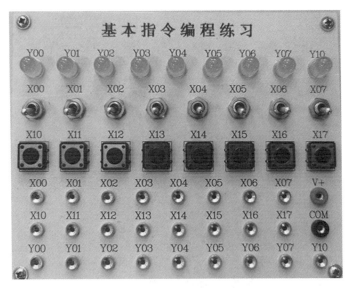

图 9 - 1　基本指令编程练习的实验面板图

## 一、与、或、非逻辑功能实验

（一）实验目的

（1）熟悉 PLC 装置。

（2）熟悉 PLC 及实验系统的操作。

（3）掌握与、或、非逻辑功能的编程方法。

（二）实验原理

调用 PLC 基本指令，可以实现与、或、非逻辑功能。

（三）输入/输出接线列表

| 输入接线 | | 输出接线 | | | |
|---|---|---|---|---|---|
| X10 | X11 | Y1 | Y2 | Y3 | Y4 |
| X10 | X11 | Y01 | Y02 | Y03 | Y04 |

（四）实验步骤

通过专用电缆连接 PC 与 PLC 主机。打开编程软件，逐条输入程序，检查无误后将其下载到 PLC 主机，将主机上的"STOP/RUN"按钮拨到"RUN"

位置。运行指示灯点亮，表明程序开始运行，有关的指示灯将显示运行结果。

拨动输入开关"X10""X11"，观察输出指示灯 Y01、Y02、Y03、Y04 是否符合与、或、非逻辑的正确结果。

（五）梯形图参考程序

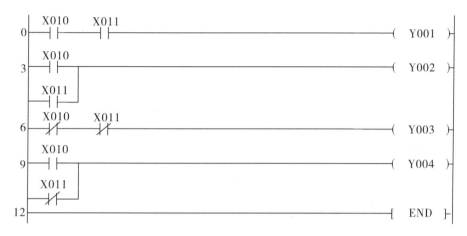

图 9-2

## 二、定时器/计数器功能实验

（一）实验目的

（1）认识定时器，掌握针对定时器的正确编程方法，掌握定时器的扩展及其编程方法。

（2）认识计数器，掌握针对计数器的正确编程方法，掌握计数器的扩展及其编程方法。

（二）实验原理

定时器的控制逻辑是经时间继电器的延时动作产生控制作用，其控制作用同一般继电器。

三菱 FX3G 系列的内部计数器分为 16 位二进制加法计数器和 32 位增/减计数器两种，其中，16 位二进制加法计数器的设定值在 K1 ~ K32767 范围内有效。

（三）梯形图参考程序

1. 定时器认识实验

图 9 - 3

2. 定时器扩展实验

由于 PLC 的定时器有一定的定时范围，如果需要的设定值超过机器范围，我们可以通过几个定时器的串联组合来扩充设定值的范围。

图 9 - 4

3. 计数器认识实验

这是一个由定时器 T0 和计数器 C0 组成的组合电路，T0 形成一个设定值为 1 秒的自复位定时器。当 X10 接通，T0 线圈得电，经延时 1 秒，T0 的常闭触点断开，T0 定时器断开复位。待下一次扫描时，T0 的常闭触点才闭合，T0 线圈又重新得电。即 T0 触点每接通一次，每次接通时间为一个扫描周期。计数器对这个脉冲信号进行计数，计数到 10 次，C0 常开触点闭合，使 Y0 线圈接通。从 X10 接通到 Y0 有输出，延时时间为定时器和计数器设定值的乘积：

$T_总 = T0 \times C0 = 1 \times 10 = 10s$。

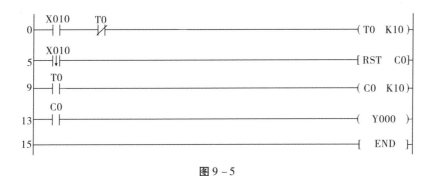

图 9 - 5

**4. 计数器扩展实验**

由于 PLC 的计数器有一定的定时范围，如果需要的设定值超过机器范围，我们可以通过几个计数器的串联组合来扩充设定值的范围。此实验中，$C_{\text{总}} = C0 \times C1 = 20 \times 3 \times 1 = 60s$。

## 三、实验内容

（1）输入梯形图（如图 9 - 2 至图 9 - 5 所示），将其转换成指令表语句并传送至 PLC。运行程序并观察逻辑关系，简要描述 PLC 运行时各梯形图对应的现象。

（2）根据图 9 - 6，在 PLC 上实现计数器扩展功能，用秒表测试其延时时长，并简述延时原理或过程。

```
0 ──X010──┤├──T0──┤/├─────────────────────( T0  K10 )
5 ──C0──┤├──┬──────────────────────────────[ RST  C0 ]
  ──X010──┤/├─┘
9 ──T0──┤├───────────────────────────────( C0  K20 )
13 ──X010──┤/├───────────────────────────[ RST  C1 ]
16 ──C0──┤├──────────────────────────────( C1  K3 )
20 ──C1──┤├──────────────────────────────( Y000 )
22 ───────────────────────────────────────┤ END ├
```

图 9 - 6

## 实验2　十字路口交通灯控制的模拟

### 一、实验目的

使学生熟练使用各基本指令，根据控制要求，掌握 PLC 的编程方法和程序调试方法，了解用 PLC 解决一个实际问题的全过程。

### 二、控制要求

信号灯受一个启动开关控制，当启动开关接通时，信号灯系统开始工作，且南北红灯先亮，然后东西绿灯亮。当启动开关断开时，所有信号灯都熄灭。

南北红灯亮维持25秒，在南北红灯亮的同时，东西绿灯也亮，并维持20秒。到20秒时，东西绿灯闪烁，闪烁3秒后熄灭。在东西绿灯熄灭后，东西黄灯亮，并维持2秒。到2秒时，东西黄灯熄灭，东西红灯亮，同时，南北红灯熄灭，绿灯亮。东西红灯亮，维持30秒。南北绿灯亮，维持25秒，接着闪烁3秒后熄灭。同时南北黄灯亮，维持2秒后熄灭。这时南北红灯亮，东西绿灯亮，周而复始。

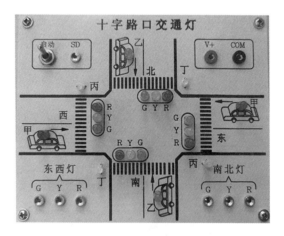

图 9-7　十字路口交通灯控制实验面板图

实验面板图中，甲模拟东西向车辆行驶状况；乙模拟南北向车辆行驶状况；东西南北四组红绿黄三色发光二极管模拟十字路口的交通灯。

### 三、输入/输出接线列表

| 输入接线 | 输出接线 | | | | | | | |
|---|---|---|---|---|---|---|---|---|
| SD | 南北 G | 南北 Y | 南北 R | 东西 G | 东西 Y | 东西 R | 甲 | 乙 |
| X0 | Y0 | Y1 | Y2 | Y3 | Y4 | Y5 | Y7 | Y6 |

### 四、工作过程

当启动开关 SD 合上时，X000 触点接通，Y002 得电，南北红灯亮；同时 Y002 的动合触点闭合，Y003 线圈得电，东西绿灯亮。1 秒后，T12 的动合触点闭合，Y007 线圈得电，模拟东西向行驶车辆的灯亮。维持 20 秒后，T6 的动合触点接通，与该触点串联的 T22 动合触点每隔 0.5 秒导通 0.5 秒，从而使东西绿灯闪烁。闪烁 3 秒，T7 的动断触点断开，Y003 线圈失电，东西绿灯灭。此时 T7 的动合触点闭合、T10 的动断触点断开，Y004 线圈得电，东西黄灯亮；Y007 线圈失电，模拟东西向行驶车辆的灯灭。再过 2 秒后，T5 的动断触点断开，Y004 线圈失电，东西黄灯灭。此时起动累计时间达 25 秒，T0 的动断触点断开，Y002 线圈失电，南北红灯灭，T0 的动合触点闭合，Y005 线圈得电，东西红灯亮；Y005 的动合触点闭合，Y000 线圈得电，南北绿灯亮。1 秒后，T13 的动合触点闭合，Y006 线圈得电，模拟南北向行驶车辆的灯亮。又经过 25 秒，即起动累计时间为 50 秒时，T1 动合触点闭合，与该触点串联的 T22 的触点每隔 0.5 秒导通 0.5 秒，从而使南北绿灯闪烁。闪烁 3 秒，T2 动断触点断开，Y000 线圈失电，南北绿灯灭。此时 T2 的动合触点闭合、T11 的动断触点断开，Y001 线圈得电，南北黄灯亮；Y006 线圈失电，模拟南北向行驶车辆的灯灭。维持 2 秒后，T3 的动断触点断开，Y001 线圈失电，南北黄灯灭。这时起动累计时间达 5 秒钟，T4 的动断触点断开，T0 复位，Y003 线圈失电，即维持了 30 秒的东西红灯灭。

上述工作过程周而复始地进行。

## 五、梯形图参考程序

```
0  ┤├──┤/├────────────────────────────────( T0   K250 )
   X000   T4

5  ┤├─────────────────────────────────────( T4   K300 )
   T0

9  ┤├──┤/├────────────────────────────────( T6   K200 )
   X000   T0

14 ┤├────────────────────────────────────(T10   K220 )
   T6
   └────────────────────────────────────( T7   K30 )

21 ┤├─────────────────────────────────────( T5   K20 )
   T7

25 ┤├─────────────────────────────────────( T1   K250 )
   T0

29 ┤├────────────────────────────────────(T11   K270 )
   T1
   └────────────────────────────────────( T2   K30 )

36 ┤├─────────────────────────────────────( T3   K20 )
   T2

40 ┤/├──┤├─────────────────────────────────(  Y002  )
   T0    X000

43 ┤├─────────────────────────────────────(  Y005  )
   T0

45 ┤├──┤/├──────────────────────────────────(  Y003  )
   Y002  T6
   ┤├──┤/├──┤├
   T6   T7   T22

52 ┤├──┤/├──────────────────────────────────(T12   K10 )
   Y002  T6
   ┤├──┤/├
   T6   T7

60 ┤├──┤/├──────────────────────────────────(  Y007  )
   T12   T10

63 ┤├──┤/├──────────────────────────────────(  Y004  )
   T7    T5

66 ┤├──┤/├──────────────────────────────────(  Y000  )
   Y005  T1
   ┤├──┤/├──┤├
   T1   T2   T22
```

```
         Y005    T1
73  ├──┤ ├──┤/├──────────────────────────────────────(T13  K10)─┤
         T1     T2
    ├──┤ ├──┤/├─┘

         T13    T11
81  ├──┤ ├──┤/├──────────────────────────────────────(  Y006  )─┤
         T2     T3
84  ├──┤ ├──┤/├──────────────────────────────────────(  Y001  )─┤
        X000    T23
87  ├──┤ ├──┤/├──────────────────────────────────────(T22   K5)─┤
         T22
92  ├──┤ ├───────────────────────────────────────────(T23   K5)─┤

96  ├─────────────────────────────────────────────────[  END   ]─┤
```

## 六、实验内容

（1）输入梯形图，将其转换成指令表语句并传送至 PLC，运行程序并观察实验现象（注意：本实验挂箱不需要外接模拟车辆行驶的甲乙部分，因此和 Y6、Y7 相关的梯形图部分可以省去，包括 T10、T11、T12、T13 和 Y6、Y7）。

（2）对照"工作过程"，指出其中描述与实际实验现象不一致的地方，并加以解释。试说出实验讲义给出的梯形图中需要修改的地方。

（3）根据梯形图完成下列时序图（至少画一个周期）。

```
X0  ┌─────────────────────────────────────────────┐ ┌─
    ┘                                               └─┘
T0
T4
T6
T7
T5
T1
T2
T3
Y0
Y1
Y2
Y3
Y4
Y5
T22
T23
```

# 实验 3　装配流水线控制的模拟

## 一、实验目的

了解移位寄存器在控制系统中的应用及针对移位寄存器指令的编程方法。

## 二、实验原理

使用移位寄存器指令（SFTR、SFTL），可以大大简化程序设计。移位寄存器指令的功能如下：若在输入端输入一连串脉冲信号，在移位脉冲作用下，脉冲信号依次移到移位寄存器的各个继电器中，并输出这些继电器的状态。其中，每个继电器可在不同的时间内得到由输入端输入的一连串脉冲信号。

## 三、控制要求

在本实验中，传送带共有 16 个工位。工件从 1 号工位装入，依次经过 2 号工位、3 号工位……16 号工位。在这个过程中，工件分别在 A（操作 1）、B（操作 2）、C（操作 3）三个工位完成三种装配操作，经最后一个工位后送入仓库。注：其他工位均用于传送工件。

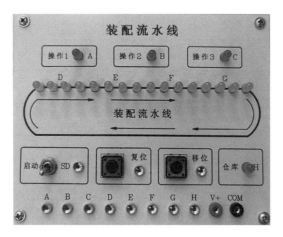

图 9-8　装配流水线模拟控制的实验面板图

图中端子 A ~ H 表示控制动作输出（用 LED 发光二极管模拟，分别对应图中 A ~ H 不同的操作工位）。

## 四、输入/输出接线列表

| 输入接线 | | | 输出接线 | | | | | | | |
|---|---|---|---|---|---|---|---|---|---|---|
| 启动 | 移位 | 复位 | A | B | C | D | E | F | G | H |
| X0 | X1 | X2 | Y0 | Y1 | Y2 | Y3 | Y4 | Y5 | Y6 | Y7 |

## 五、梯形图参考程序

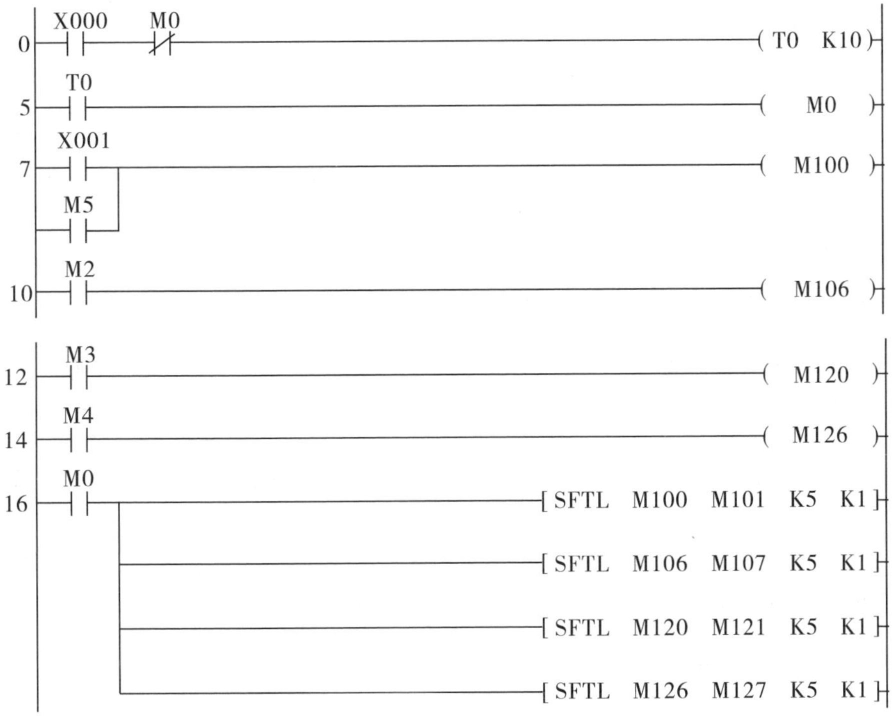

```
        M105
  53  ──┤├──┬─────────────────────────────────────────────[PLS  M10]
        M111│
      ──┤├──┤
        M125│
      ──┤├──┤
        M131│
      ──┤├──┘

        M11   T21
  59  ──┤├────┤/├──┬────────────────────────────────────────( M11  )
        M100        │
      ──┤├──────────┴─────────────────────────────────────( T10  K50)

        M11   T10
  66  ──┤├────┤/├──┬────────────────────────────────────────( M200 )
        M12        │
      ──┤├─────────┘

        M204
  70  ──┤├──┬──────────────────────────────────────────────( T11  K80)
           │  T11
           └──┤/├───────────────────────────────────────( M12  )

        M10
  76  ──┤├────────────────────────────────[ SFTL  M200 M201 K4  K1 ]

        M201
  86  ──┤├──────────────────────────────────────────────────( T2  K30)

        T2
  90  ──┤├──┬───────────────────────────────────────────────( T3  K15)
           │  T3
           └──┤/├───────────────────────────────────────( M2  )


        M202
  96  ──┤├──────────────────────────────────────────────────( T4   K30)
        T4
 100 ──┤├──┬───────────────────────────────────────────────( T5   K15)
           │  T5
           └──┤/├───────────────────────────────────────( M3  )

        M203
 106 ──┤├──────────────────────────────────────────────────( T6   K30)

        T6
 110 ──┤├──┬───────────────────────────────────────────────( T7   K15)
           │  T7
           └──┤/├───────────────────────────────────────( M4  )

        M204
 116 ──┤├──────────────────────────────────────────────────( T8   K30)
```

120 ├─┤ T8 ├──────────────────────────────────────────────────( T9　K15 )
　　　　│　┤/├ T9 ──────────────────────────────────────────────( M5 )

126 ├─┤ M101 ├────────────────────────────────────────────────( Y003 )
　　　├─┤ M107 ├
　　　├─┤ M121 ├
　　　├─┤ M127 ├

131 ├─┤ M102 ├────────────────────────────────────────────────( Y004 )
　　　├─┤ M108 ├
　　　├─┤ M122 ├
　　　├─┤ M128 ├

136 ├─┤ M103 ├────────────────────────────────────────────────( Y005 )
　　　├─┤ M109 ├
　　　├─┤ M123 ├
　　　├─┤ M129 ├

141 ├─┤ M104 ├────────────────────────────────────────────────( Y006 )
　　　├─┤ M110 ├
　　　├─┤ M124 ├
　　　├─┤ M130 ├

PLC 原理与实训

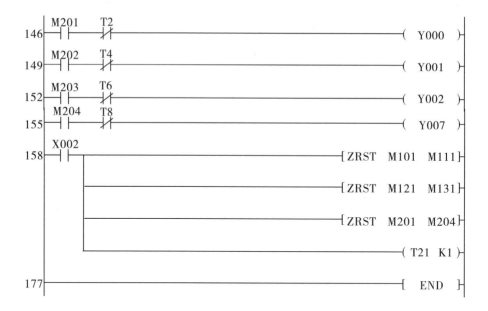

# 实验 4   水塔水位控制的模拟

## 一、实验目的

用 PLC 构成水塔水位自动控制系统。

## 二、控制要求

当水池水位低于水池低水位界（S4 为 ON）时，阀 Y 打开进水（Y 为 ON），定时器开始计时。4 秒后，如果 S4 还不为 OFF，那么阀 Y 指示灯闪烁，表示阀 Y 没有进水，出现故障；S3 为 ON 后，阀 Y 关闭（Y 为 OFF）。当 S4 为 OFF，且水塔水位低于水塔低水位界时，S2 为 ON，电机 M 运转抽水。当水塔水位高于水塔高水位界时，电机 M 停止。

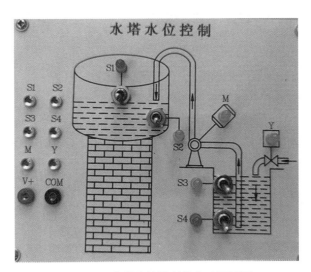

**图 9 - 9   水塔水位控制的实验面板图**

面板中 S1 表示水塔水位上限，S2 表示水塔水位下限，S3 表示水池水位上限，S4 表示水池水位下限，M 为抽水电机，Y 为水阀。

## 三、输入/输出接线列表

| 输入接线 | | | | 输出接线 | |
|---|---|---|---|---|---|
| S1 | S2 | S3 | S4 | M1 | Y |
| X0 | X1 | X2 | X3 | Y0 | Y1 |

## 四、梯形图参考程序

```
       T0
0  ┤ ├──────────────────────────────────( T1  K5 )

       T1
4  ┤ ├──────────────────────────────────( T0  K5 )

       X003   X002
8  ┤ ├───┤/├────────────────────────────( T2  K40 )
       M1
     ┤ ├───────────────────────────────(   M1   )

       T2    X003
15 ┤ ├───┤/├────────────────────────────( T3  K1 )

       T2    T1    X002
20 ┤ ├──┤ ├──┤/├──────────────────────(  Y001  )
       X003  T2
     ┤ ├──┤/├
       T3
     ┤ ├

       M1    X000   X003
28 ┤ ├──┤/├──┤/├───────────────────────(  Y000  )
       Y000
     ┤ ├

33 ─────────────────────────────────────[  END  ]
```

## 实验 5　五相步进电动机控制的模拟

### 一、实验目的

了解并掌握移位指令在控制中的应用及其编程方法。

### 二、控制要求

要求使五相步进电动机的五个绕组依次自动实现如下方式的循环通电控制：

第一步：A—B—C—D—E；

第二步：A—AB—BC—CD—DE—EA；

第三步：AB—ABC—BC—BCD—CD—CDE—DE—DEA；

第四步：EA—ABC—BCD—CDE—DEA。

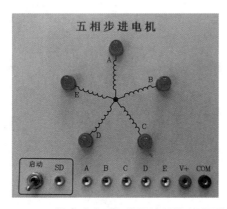

图 9 – 10　五相步进电动机模拟控制的实验面板图

用发光二极管的点亮与熄灭模拟步进电动机五个绕组的导电状态。

### 三、输入/输出接线列表

| 输入接线 | 输出接线 | | | | |
|---|---|---|---|---|---|
| SD | A | B | C | D | E |
| X0 | Y1 | Y2 | Y3 | Y4 | Y5 |

## 四、梯形图参考程序

```
     X000    M0
0  ──┤├──────┤/├────────────────────────────────( T0    K20 )

     T0
5  ──┤├──────────────────────────────────────────(   M0    )

     X000
7  ──┤├──────────┬──────────────────────────────( T2    K30 )
                 │   T2
                 └──┤/├──────────────────────────(   M10   )

     M10
13 ──┤├──────┬───────────────────────────────────(   M100  )
     M2      │
   ──┤├──────┘

     M115
16 ──┤├──────────────────────────────────────────(   M200  )

     M209
18 ──┤├──────────┬──────────────────────────────( T1    K20 )
                 │   T1
                 └──┤/├──────────────────────────(   M2    )

     M0
24 ──┤├──────────────────────────[ SFTL  M100  M101   K15   K1 ]

     M0
34 ──┤├──────────────────────────[ SFTL  M200  M201   K9    K1 ]

     M101
44 ──┤├──────┬───────────────────────────────────(   Y001  )
     M106    │
   ──┤├──────┤
     M107    │
   ──┤├──────┤
     M111    │
   ──┤├──────┤
     M112    │
   ──┤├──────┤
     M113    │
   ──┤├──────┤
             │
     M204    │
   ──┤├──────┤
     M205    │
   ──┤├──────┤
     M206    │
   ──┤├──────┤
     M209    │
   ──┤├──────┘
```

```
     M102
55 ──┤├────────────────────────────────────────────────────( Y002 )
     M107
   ──┤├──
     M108
   ──┤├──
     M112
   ──┤├──
     M113
   ──┤├──
     M114
   ──┤├──
     M115
   ──┤├──
     M206
   ──┤├──
     M207
   ──┤├──

     M103
65 ──┤├────────────────────────────────────────────────────( Y003 )
     M108
   ──┤├──
     M109
   ──┤├──
     M113
   ──┤├──
     M114
   ──┤├──
     M115
   ──┤├──
     M201
   ──┤├──
     M202
   ──┤├──
     M206
   ──┤├──
     M207
   ──┤├──
     M208
   ──┤├──
```

```
        M104
77 ───┤├─────────────────────────────────────────────( Y004 )──
        M109
    ───┤├───
        M110
    ───┤├───
        M115
    ───┤├───
        M201
    ───┤├───
        M202
    ───┤├───
        M203
    ───┤├───
        M204
    ───┤├───
        M207
    ───┤├───
        M208
    ───┤├───
        M209
    ───┤├───

        M105
89 ───┤├─────────────────────────────────────────────( Y005 )──
        M110
    ───┤├───
        M111
    ───┤├───
        M202
    ───┤├───
        M203
    ───┤├───
        M204
    ───┤├───
        M205
    ───┤├───
        M208
    ───┤├───
        M209
    ───┤├───

        X000
99 ───┤↓├────────────────────────────────[ ZRST  M100  M220 ]──

106 ──────────────────────────────────────────────────[ END ]──
```

## 五、练习题

（1）试编制三相步进电动机单三拍反转的 PLC 控制程序。

（2）试编制三相步进电动机三相六拍正转的 PLC 控制程序。

（3）试编制三相步进电动机双三拍正转的 PLC 控制程序。

（4）试编制五相十拍运行方式的 PLC 控制程序。

# 实验 6　LED 数码显示控制

在 MF25 模拟实验挂箱中的 LED 数码显示控制实验区完成本实验。

## 一、实验目的

了解并掌握置位与复位指令（SET、RST）在控制中的应用及其编程方法。

## 二、实验原理

SET 为置位指令，使动作保持；RST 为复位指令，使操作复位。SET 的目标操作元件为 Y、M、S，而 RST 的目标操作元件为 Y、M、S、D、V、Z、T、C。这两条指令占 1~3 个程序步。用 RST 可以清零定时器、计数器、数据寄存器、变址寄存器的内容。

## 三、控制要求

按下启动按钮后，由八组 LED 发光二极管模拟的八段数码管开始显示：先是一段段显示，显示次序是 A、B、C、D、E、F、G、H，随后显示数字及字符，显示次序是 0、1、2、3、4、5、6、7、8、9、A、b、C、d、E、F，再返回初始显示，并循环不止。

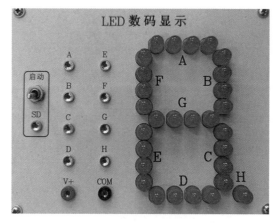

图 9-11　LED 数码显示控制的实验面板图

右部面板中的 A、B、C、D、E、F、G、H 用发光二极管模拟输出。

## 四、输入/输出接线列表

| 输入接线 | 输出接线 | | | | | | | |
|---|---|---|---|---|---|---|---|---|
| SD | A | B | C | D | E | F | G | H |
| X0 | Y0 | Y1 | Y2 | Y3 | Y4 | Y5 | Y6 | Y7 |

## 五、梯形图参考程序

```
0   X000   M0                                    ( T0   K10 )
    ├─┤ ├──┤/├─────────────────────────────────

5   T0                                           (    M0    )
    ├─┤ ├───────────────────────────────────────

7   X000                                         ( T1   K15 )
    ├─┤ ├───────────────────────────────────────
         T1
         ┤/├─────────────────────────────────── (   M10    )

13  M10                                          (   M100   )
    ├─┤ ├───────────────────────────────────────
    M2
    ├─┤ ├───────────────────────────────────────

16  M115                                         (   M200   )
    ├─┤ ├───────────────────────────────────────

18  M209                                         ( T2   K10 )
    ├─┤ ├───────────────────────────────────────
         T2
         ┤/├─────────────────────────────────── (    M2    )

24  M0                             [ SFTL  M100  M101  K15  K1 ]
    ├─┤ ├───────────────────────────

34  M0                             [ SFTL  M200  M201  K9   K1 ]
    ├─┤ ├───────────────────────────

44  M101                                         (   Y000   )
    ├─┤ ├───────────────────────────────────────
    M109
    ├─┤ ├
    M111
    ├─┤ ├
    M112
    ├─┤ ├
    M114
    ├─┤ ├
```

```
     ┌──┤M115├──┐
     │  ┤M201├  │
     │  ┤M202├  │
     │  ┤M203├  │
     │  ┤M204├  │
     │  ┤M206├  │
     │  ┤M208├  │
     └──┤M209├──┘

        M102
58 ──┤ ├───────────────────────────────( Y001 )
     ┤M109├
     ┤M110├
     ┤M111├
     ┤M112├
     ┤M113├
     ┤M201├
     ┤M202├
     ┤M203├
     ┤M204├
     ┤M207├

        M103
70 ──┤ ├───────────────────────────────( Y002 )
     ┤M109├
     ┤M110├
```

```
     M112
     ┤├
     M113
     ┤├
     M114
     ┤├
     M115
     ┤├
     M201
     ┤├
     M202
     ┤├
     M203
     ┤├
     M204
     ┤├
     M205
     ┤├
     M207
     ┤├

        M104
84 ─────┤├──────────────────────────────────────( Y003 )
     M109
     ┤├
     M111
     ┤├
     M112
     ┤├
     M114
     ┤├
     M115
     ┤├
     M202
     ┤├
     M203
     ┤├
     M205
     ┤├
     M206
     ┤├
     M207
     ┤├
     M208
     ┤├
```

```
        M105
97 ──┤├──────────────────────────────────( Y004 )──
        M109
      ──┤├──
        M111
      ──┤├──
        M115
      ──┤├──
        M202
      ──┤├──
        M204
      ──┤├──
        M205
      ──┤├──
        M206
      ──┤├──
        M207
      ──┤├──
        M208
      ──┤├──
        M209
      ──┤├──

         M106
109 ──┤├──────────────────────────────────( Y005 )──
        M109
      ──┤├──
        M113
      ──┤├──
        M114
      ──┤├──
        M115
      ──┤├──
        M202
      ──┤├──
        M203
      ──┤├──
        M204
      ──┤├──
        M205
      ──┤├──
        M206
      ──┤├──
        M208
      ──┤├──
        M209
      ──┤├──
```

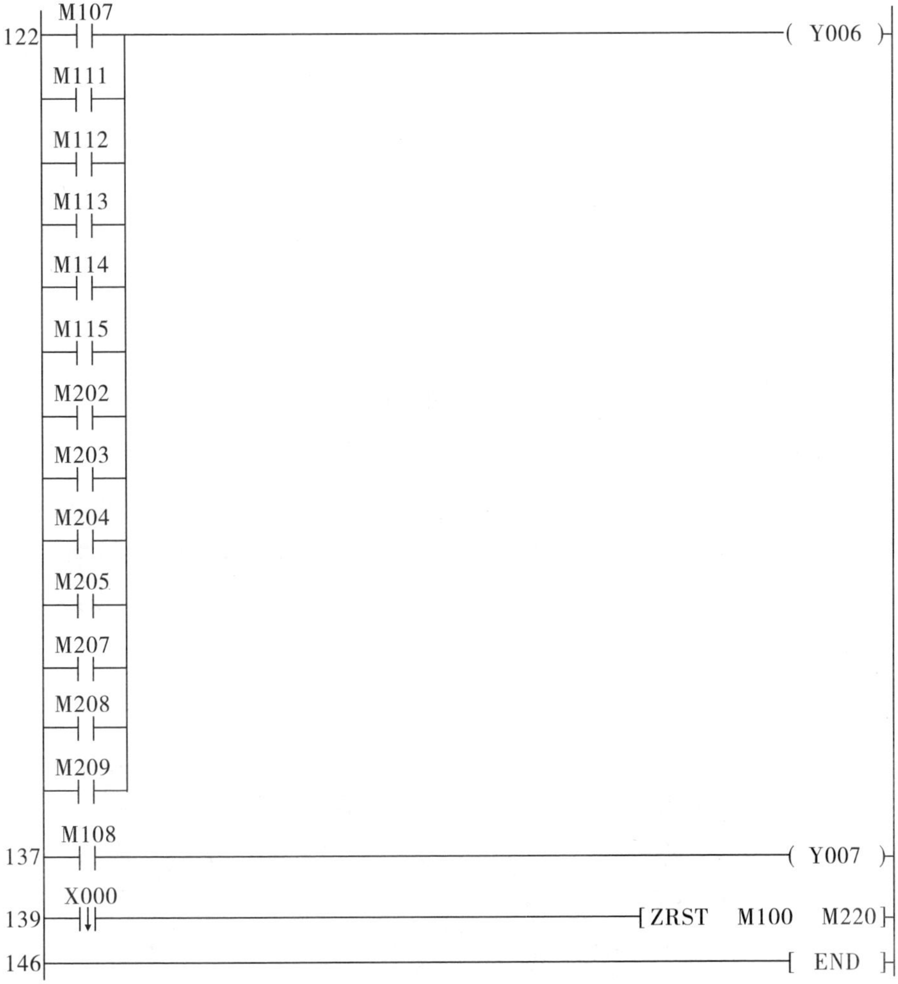
122
M107
M111
M112
M113
M114
M115
M202
M203
M204
M205
M207
M208
M209
Y006
137
M108
Y007
139
X000
ZRST　M100　M220
146
END

# 实验 7　邮件分拣

## 一、实验目的

用 PLC 构成邮件分拣控制系统，熟练掌握 PLC 编程和程序调试方法。

## 二、控制要求

启动后，绿灯 L1 亮表示可以进邮件，S1 为 ON 表示模拟检测邮件的光信号检测到了邮件。拨码器模拟邮件的邮码，从拨码器读到的邮码的正常值为1、2、3、4、5，若是此 5 个数字中的任一个，则红灯 L2 亮，电机 M5 运行，将邮件分拣至邮箱内；分拣完后 L2 灭，L1 亮，表示可以继续分拣邮件。若读到的邮码不是该 5 个数字，则红灯 L2 闪烁，表示出错，电机 M5 停止。重新启动后，能重新运行。

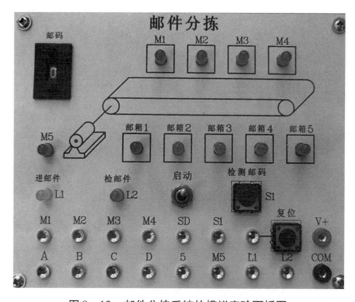

图 9 - 12　邮件分拣系统的模拟实验面板图

## 三、输入/输出接线列表

| 输入 | SD | S1 | A | B | C | D | 复位 | |
|---|---|---|---|---|---|---|---|---|
| 接线 | X0 | X1 | X2 | X3 | X4 | X5 | X6 | |
| 输出 | L1 | L2 | M5 | M1 | M2 | M3 | M4 | 5 |
| 接线 | Y0 | Y1 | Y2 | Y3 | Y4 | Y5 | Y6 | Y7 |

## 四、梯形图参考程序

```
      Y003
40 ┤├─────────────────────────────────────────────────( T4   K15 )
   X003 X002 X004 X005 Y002 M100
44 ┤├──┤/├──┤/├──┤/├──┤├──┤/├───────────────────────────( T5   K20 )
                              └──────────────────────────(   M1    )
      T5
54 ┤├─────────────────────────────────────────────────(  Y004   )
      Y004
56 ┤├─────────────────────────────────────────────────( T6   K15 )
   X002 X003 X004 X005 Y002 M100
60 ┤├──┤├──┤/├──┤/├──┤├──┤/├─────────────────────────( T7   K30 )
                              └──────────────────────────(   M2    )

      T7
70 ┤├─────────────────────────────────────────────────(  Y005   )
      Y005
72 ┤├─────────────────────────────────────────────────( T8   K15 )
   X004 X002 X003 X005 Y002 M100
76 ┤├──┤/├──┤/├──┤/├──┤├──┤/├─────────────────────────( T9   K40 )
                              └──────────────────────────(   M3    )
      T9
86 ┤├─────────────────────────────────────────────────(  Y006   )

      Y006
88 ┤├─────────────────────────────────────────────────(T10  K15 )
    X002 X004 X003 X005 Y002 M100
92 ┤├──┤├──┤/├──┤/├──┤├──┤/├─────────────────────────(T11  K50 )
                              └──────────────────────────(   M4    )
      T11
102 ┤├────────────────────────────────────────────────(  Y007   )
      Y007
104 ┤├────────────────────────────────────────────────(T12  K15 )
      T4
108 ┤├─┬───────────────────────────────────────────────(  M102   )
      T6│
    ┤├─┤
      T8│
    ┤├─┤
      T10│
    ┤├─┤
      T12│
    ┤├─┘
    X002 X003 X004 X005 X003 X004 M100
114 ┤/├──┤/├──┤/├──┤/├──┤├──┤├──┤/├──────────────────(  M110   )
     X002
    ┤├
     X003
    ┤├
     X005
    ┤├
```

```
      M110    T21
125 ├──┤├──────┤/├───────────────────────────────────────────────────( T20  K10 )
      T20    M100 M103
130 ├──┤├──┬──┤/├──┤├─────────────────────────────────────────────────(    Y001   )
      M0  │
    ├──┤├──┤
      M1  │
    ├──┤├──┤
      M2  │
    ├──┤├──┤
      M3  │
    ├──┤├──┤
      M4  │
    ├──┤├──┘
      Y001   M102
139 ├──┤├──────┤/├──┬──────────────────────────────────────────────────(    M101   )
                    │
                    └─────────────────────────────────────────────────( T21  K10 )
      X006
145 ├──┤├───────────────────────────────────────────────────────────────(    M100   )
147 ├───────────────────────────────────────────────────────────────────┤ END ├
```

## 实验 8　三层电梯控制系统的模拟

在模拟实验挂箱中的三层电梯控制系统模拟实验区完成本实验。

### 一、实验目的

（1）进一步熟悉 PLC 的 I/O 连接。

（2）熟悉三层电梯控制系统的编程方法。

### 二、控制要求

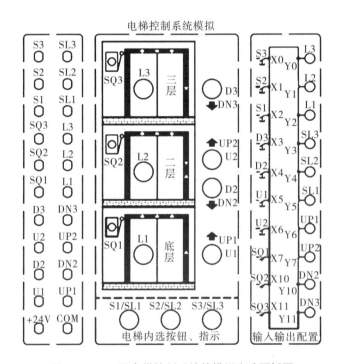

图 9-13　三层电梯控制系统的模拟实验面板图

　　电梯由安装在各楼层厅门口的上升和下降呼叫按钮进行呼叫操纵，其操纵内容为电梯运行方向。电梯轿厢内设有楼层内选按钮 S1～S3，用以选择需停靠的楼层。L1 为一层指示、L2 为二层指示、L3 为三层指示，SQ1～SQ3 为到位行程开关。电梯上升途中只响应上升呼叫，下降途中只响应下降呼叫，任何反方向的呼叫均无效。例如，电梯停在一层，在二层轿厢外呼叫时，必须按二层上升呼叫按钮，电梯才响应呼叫（从一层运行到二层），按二层下降呼叫按钮则无效；反之，若电梯停在三层，在二层轿厢外呼叫时，必须按二层下降呼叫按钮，电梯才响应呼叫（从三层运行到二层），按二层上升呼叫按钮则无效，依此类推。

## 三、输入/输出接线列表

### （一）输入

| 序号 | 名称 | 输入点 | 序号 | 名称 | 输出点 |
|------|------|--------|------|------|--------|
| 0 | 三层内选按钮 S3 | X000 | 5 | 一层上呼按钮 U1 | X005 |
| 1 | 二层内选按钮 S2 | X001 | 6 | 二层上呼按钮 U2 | X006 |
| 2 | 一层内选按钮 S1 | X002 | 7 | 一层行程开关 SQ1 | X007 |
| 3 | 三层下呼按钮 D3 | X003 | 8 | 二层行程开关 SQ2 | X010 |
| 4 | 二层下呼按钮 D2 | X004 | 9 | 三层行程开关 SQ3 | X011 |

### （二）输出

| 序号 | 名称 | 输入点 | 序号 | 名称 | 输出点 |
|------|------|--------|------|------|--------|
| 0 | 三层指示 L3 | Y000 | 6 | 二层内选指示 SL2 | Y006 |
| 1 | 二层指示 L2 | Y001 | 7 | 一层内选指示 SL1 | Y007 |
| 2 | 一层指示 L1 | Y002 | 8 | 一层上呼指示 UP1 | Y010 |
| 3 | 轿厢下降指示 DOWN | Y003 | 9 | 二层上呼指示 UP2 | Y011 |
| 4 | 轿厢上升指示 UP | Y004 | 10 | 二层下呼指示 DN2 | Y012 |
| 5 | 三层内选指示 SL3 | Y005 | 11 | 三层下呼指示 DN3 | Y013 |

## 四、梯形图参考程序

```
       X002   X004   X005   X003   X000
 64 ───┤├────┤/├────┤/├────┤├────┤/├──────────────────────( M1 )
       M1     M3     M6                   M20
    ───┤├────┤/├────┤/├──┘              ──┤/├──────────────( T1   K10 )

       T1
 78 ───┤├────────────────────────────────────────────────( T2   K30 )

       T2     X002
 82 ───┤├────┤/├──┬───────────────────────────────────────( T3   K30 )
                  ├───────────────────────────────────────( T4   K50 )
                  ├───────────────────────────────────────( T5   K80 )
                  └───────────────────────────────────────( T6  K100 )


       X000   X003   X004   X005   X002
 96 ───┤├────┤/├────┤/├────┤├────┤/├──────────────────────( M3 )
       M3     M1     M5                   M21
    ───┤├────┤/├────┤/├──┘              ──┤/├──────────────( T7   K10 )

       T7
110 ───┤├────────────────────────────────────────────────( T8   K30 )

       T8     X000
114 ───┤├────┤/├──┬───────────────────────────────────────( T9   K30 )
                  ├───────────────────────────────────────( T10  K50 )
                  ├───────────────────────────────────────( T11  K80 )
                  └───────────────────────────────────────( T12 K100 )


       X002   X003   X005   X004   X000
128 ───┤├────┤/├────┤/├────┤├────┤/├──────────────────────( M5 )
       M5     M2     M4                   M20
    ───┤├────┤/├────┤/├──┘              ──┤/├──────────────( T13  K10 )

       T13
142 ───┤├────────────────────────────────────────────────( T14  K30 )

       T14    X002
146 ───┤├────┤/├──┬───────────────────────────────────────( T15  K30 )
                  └───────────────────────────────────────( T16  K50 )

       X002   X005   M1     M5     M21    X000
154 ───┤├────┤/├────┤├────┤├────┤/├────┤/├────────────────( M20 )
       M20    M2     M3     M4     M6
    ───┤├────┤/├────┤/├────┤├────┤/├──┘   ──────────────────( T30  K10 )

       T30
170 ───┤├────────────────────────────────────────────────( T31  K30 )
```

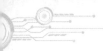

```
174 ┤T31├─┤X002/├─┤X001├─────────────────────────────────(T32  K10)
         ┤M30├─┤X000/├──────────────────────────────────(T40  K30)
                                                        ( M30 )

187 ┤M30├─┤X001/├─────────────────────────────────────(T33  K30)
                                                        (T34  K50)

195 ┤X001├─┤X003/├─┤X004/├─┤X005├──────────────────────( M4 )
     ┤M4├──┤M1/├───┤M5├─────────────────────────────────(T17  K10)

207 ┤T17├───────────────────────────────────────────────(T18  K30)

211 ┤T18├─┤X001/├────────────────────────────────────────(T19  K30)
                                                        (T20  K50)

219 ┤X001├─┤X004/├─┤X005/├─┤X003├──────────────────────( M2 )
     ┤M2├──┤M3/├───┤M6├─────────────────────────────────(T21  K10)

231 ┤T21├───────────────────────────────────────────────(T22  K30)

235 ┤T22├─┤X001/├────────────────────────────────────────(T23  K30)
                                                        (T24  K50)

243 ┤X000├─┤X003/├─┤X005├─┤X004├─┤X002/├────────────────( M6 )
     ┤M6├──┤M2/├───┤M4├───────────┤M21/├───────────────(T25  K10)

257 ┤T25├───────────────────────────────────────────────(T26  K30)

261 ┤T26├─┤X000/├────────────────────────────────────────(T27  K30)
                                                        (T28  K50)

269 ┤X000├─┤X003/├─┤M3├─┤M6├─┤M20├─┤X002/├──────────────( M21 )
     ┤M21├─┤M1├───┤M2/├─┤M4/├─┤M5/├─────────────────────(T35  K10)

285 ┤T35├───────────────────────────────────────────────(T36  K30)
```

## 实验 9　天塔之光

### 一、实验目的

（1）了解并掌握移位指令（SFT）的基本应用及编程方法。

（2）进一步练习三菱 PLC 编程方法。

### 二、控制要求

合上启动开关后，按以下规律显示：L1→（L1、L2）→（L1、L3）→
（L1、L4）→（L1、L2）→（L1、L2、L3、L4）→（L1、L8）→（L1、L7）→
（L1、L6）→（L1、L5）→（L1、L8）→（L1、L5、L6、L7、L8）→L1→（L1、
L2、L3、L4）→（L1、L2、L3、L4、L5、L6、L7、L8）→L1——循环执行，
断开启动开关，程序停止运行。

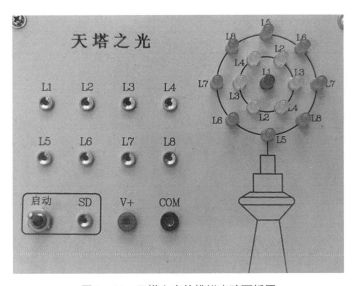

图 9 – 14　天塔之光的模拟实验面板图

### 三、实验步骤

（1）列出输入/输出接线列表。

| 输入接线 | 输出接线 | | | | | | | |
|---|---|---|---|---|---|---|---|---|
| SD | L1 | L2 | L3 | L4 | L5 | L6 | L7 | L8 |
| X0 | Y0 | Y1 | Y2 | Y3 | Y4 | Y5 | Y6 | Y7 |

（2）打开主机电源，将程序下载到主机中。

（3）启动并运行程序，观察实验现象。

# 实验 10　传感器特性认识

## 一、实验目的

了解认识传感器的测量结构及传感器的工作原理与检测过程。

## 二、实验设备

YTMMO – 3 型小车运动模型实物一套，导线若干。

## 三、实验原理

1. 传感器定义

传感器是能感受规定的被测量并按照一定的规律将其转换成可用信号的器件装置，通常由敏感元件和转换元件组成。传感器能感受并检测被测量的信息，将其按一定规律变换成电信号或其他所需形式的信息输出，以满足信息的传输、处理、存储、显示、记录和控制等要求，它是当今控制系统中实现自动化、系统化、智能化的首要环节。

2. 传感器的主要技术指标

（1）检测距离：被测物体按一定方式移动时，从基准位置（传感器的感应表面）到传感器动作时测得的位置的空间距离。

（2）复位距离：被测物体按一定方式移动时，从基准位置（传感器的感应表面）到传感器最远可动作时测得的位置的空间距离。

（3）差动距离：复位距离与检测距离之差。

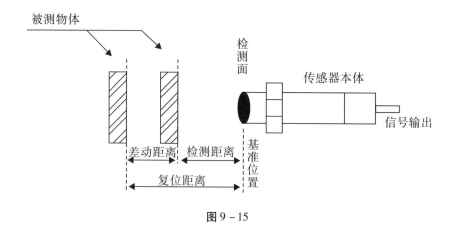

图 9 - 15

（4）响应时间：从物体进入可检测区间到传感器有信号输出之间的时间差 T1，或从物体推出可检测区间到传感器输出信号消失之间的时间差 T2。

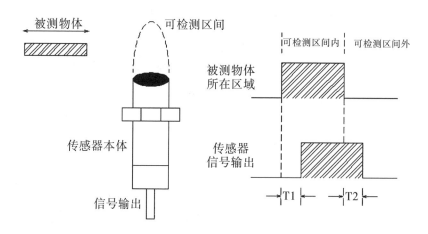

图 9 - 16

3. 电感式传感器

电感式传感器由三大部分组成：LC 振荡器、开关电路及放大输出电路。振荡器产生一个交变磁场，当金属目标物体接近这一磁场，并达到感应距离时，在金属目标内产生涡流，从而导致电感式传感器振荡衰减，以至停振。振荡器振荡及停振的参数变化被后级放大电路处理并转换成开关信号，触发驱动控制器件，进而控制开关的接通或断开。这种传感器所能检测的物体必须是金属物体。电感式传感器工作流程框图如下：

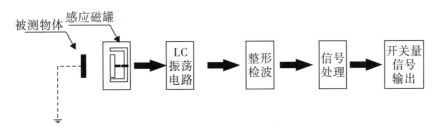

图 9 – 17

4. 电容式传感器

电容式传感器的测量头通常是构成电容器的一个极板，而另一个极板是物体本身，两者构成一个电容器，该电容器接入后级 RC 振荡器中。当被测物体靠近电容式传感器时，该电容器的容量增加，使振荡器开始振荡，通过后级电路的处理，将停振和振荡两种信号转换成开关信号，从而达到检测有无物体存在的目的。

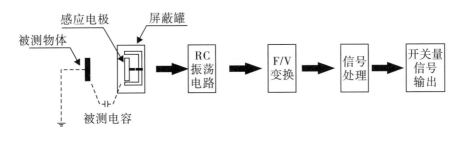

图 9 – 18

5. 光电式传感器

光电式传感器是通过把光强度的变化转换成电信号的变化来检测物体有无的接近开关，其集发射器和接收器于一体。当有被检测物体经过时，光电开关发射器发射足够量的光线反射到接收器上，光电开关由此产生开关信号。

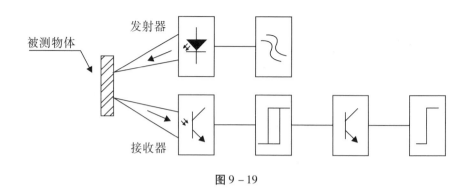

图 9 – 19

## 四、实验步骤

（1）在"YTMMO – 3 型小车运动模型实物"中找到电感式、电容式、光电式传感器，记录其外形及数据输出格式。

（2）手动运行小车［将小车模型通电后，短接"慢速""电机正转（或电机反转）"与电源 COM 端］，使塑料、铝质检测体分别靠近电容式传感器及电感式传感器，记录其各自的"检测距离"及"复位距离"，并比较两种传感器对不同材料的检测能力。

（3）重复上一步骤，使塑料、铝质检测体的不同检测面靠近光电式传感器，观察并记录光电式传感器对不同夹角检测面的响应状况。

## 五、实验内容

整理所记录的实验数据，总结各种传感器的检测特性。

# 实验 11　直流电动机特性认识

## 一、实验目的

了解直流减速电动机的工作原理与控制方式。

## 二、实验设备

YTMMO - 3 型小车运动模型实物一套，导线若干。

## 三、实验原理

1. 直流电动机

将直流电能转换为机械能的电动机被称为直流电动机。直流电动机由定子和转子两部分组成，其间有一定的气隙，其构造的主要特点是具有一个带换向器的电枢。直流电动机的定子由机座、主磁极、换向磁极、前后端盖和刷架等部件组成。其中，主磁极是产生直流电动机气隙磁场的主要部件，由永磁体或带有直流励磁绕组的叠片铁心构成。直流电动机的转子则由电枢、换向器和转轴等部件构成。其中，电枢由电枢铁心和电枢绕组两部分组成。电枢铁心由硅钢片叠成，在其外圆处均匀分布着齿槽，电枢绕组则嵌置于这些槽中。换向器是一种机械整流部件，由换向片叠成圆筒形后，以金属夹件或塑料成型为一个整体，亦称整流子；各换向片间互相绝缘。

图 9 - 20 表示一台最简单的两极直流电动机模型，它的固定部分（定子）装设了一对直流励磁的静止的主磁极 N 和 S，它的旋转部分（转子）装设电枢铁心。定子与转子之间有一气隙。在电枢铁心上放置了由 A 和 X 两根导体连成的电枢线圈，线圈的首端和末端分别连到两个圆弧形的铜片上，此铜片称为换向片。换向片之间互相绝缘，由换向片构成的整体称为换向器。换向器固定在转轴上，换向片与转轴之间亦互相绝缘。在换向片上放置一对固定不动的电刷 B1 和 B2，当电枢旋转时，电枢线圈通过换向片和电刷与外电路接通。如用外部直流电源，经电刷换向器装置将直流电流引向电枢绕组，则此电流与主磁极 N 和 S 产生的磁场互相作用，产生转矩，驱动转子与连接于

其上的机械负载工作，此时电动机作为直流电动机运行。

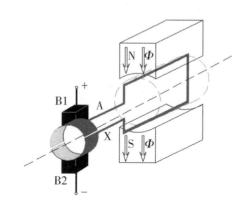

图 9 - 20

2. 直流齿轮减速电动机

直流齿轮减速电动机是由一般直流微型电动机安装齿轮减速箱而成。其具有以下特性：

（1）转矩大。

一般直流微型电动机的转矩非常小，带有大负载时，很容易堵转，因而不适合带动工业控制中的负载。加上齿轮减速箱之后，力矩放大为减速比的大小倍数，从而可以达到 $0.5 \sim 54 \mathrm{kg} \cdot \mathrm{m}$ 的转矩（$0.05 \sim 5.4 \mathrm{N} \cdot \mathrm{m}$）。

（2）速度低。

直流微型电动机的转速一般为 $1500 \sim 23000 \mathrm{r/min}$，此转速在工业控制中的应用领域不大，转速在 $1 \sim 300 \mathrm{r/min}$ 的应用比较多。

（3）简化设计和节约空间。

齿轮减速箱和电动机结合在一起，因此直流齿轮减速电动机体积很小，使用安装空间很小，而且不用再设计减速机构。

## 四、实验步骤

（1）在"YTMMO – 3 型小车运动模型实物"中找到直流齿轮减速电动机，记录其铭牌数据。

（2）将小车模型通电后，短接"慢速""快速"及"电机正转（或电机反转)"与电源 COM 端,选择"慢速"时,控制电路加在电动机控制端的电压为 DC 12V;选择"快速"时,控制电路加在电动机控制端的电压为 DC 24V。比较在两种状态下电动机的运行速率与运行方向的异同。

(3)通过网络、书面资料及其他途径查询不同的直流齿轮减速电动机在工业中的不同应用。

# 实验 12    机械手动作的模拟

## 一、实验目的

用数据移位指令来实现机械手动作的模拟。

## 二、控制要求

现模拟一个将工件由 A 处传送到 B 处的机械手,上升/下降和左移/右移的执行用双线圈二位电磁阀推动气缸完成。当某个电磁阀线圈通电,就一直保持现有的机械动作,如一旦下降的电磁阀线圈通电,机械手下降,即使线圈再断电,仍保持现有的下降动作状态,直到相反方向的线圈通电为止。此外,夹紧/放松由单线圈二位电磁阀推动气缸完成,线圈通电执行夹紧动作,线圈断电执行放松动作。设备装有上、下限位和左、右限位开关,它的工作过程如下,有八个动作,即为:

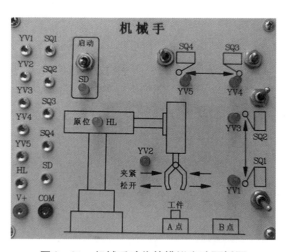

图 9 - 21    机械手动作的模拟实验面板图

此面板中的启动、停止用动断按钮来实现，限位开关用钮子开关来模拟，电磁阀和原位指示灯用发光二极管来模拟。

## 三、输入/输出接线列表

| 输入 | SD | SQ1 | SQ2 | SQ3 | SQ4 | |
|---|---|---|---|---|---|---|
| 接线 | X0 | X1 | X2 | X3 | X4 | |
| 输出 | YV1 | YV2 | YV3 | YV4 | YV5 | HL |
| 接线 | Y0 | Y1 | Y2 | Y3 | Y4 | Y5 |

## 四、工作过程分析

初始状态：SQ2、SQ4 闭合，SD、SQ1、SQ3 断开。

（1）运行程序。

（2）闭合"启动"开关 SD，Y0 输出，机械手下降。手动断开上限位开关 SQ2。

（3）闭合下限位开关 SQ1，表示机械手下降到位。Y0 断开，机械手停止下降，Y1 输出夹持工件。经一段时间延时，Y2 输出，机械手上升。手动断开下限位开关 SQ1。

（4）闭合上限位开关 SQ2，Y2 断开，机械手停止上升，同时 Y3 输出，机械手右移。手动断开左限位开关 SQ4。

（5）闭合右限位开关 SQ3，表示机械手已经移到最右边。Y3 断开，机械手停止右移，同时 Y0 输出，机械手下降。手动断开上限位开关 SQ2。

（6）闭合下限位开关 SQ1，Y0 断开，机械手停止下降，同时 Y1 断开，放开工件。经一段时间延时，Y2 输出，机械手上升。手动断开下限位开关 SQ1。

（7）闭合上限位开关 SQ2，Y2 断开，机械手停止上升，同时 Y4 输出，机械手左移。断开右限位开关 SQ3。

（8）闭合左限位开关 SQ4，若"启动"开关闭合，进行下一个工作循环；若"启动"开关断开，原位指示灯亮，机械手停在原位。

# 实验 13　四节传送带

## 一、实验目的

通过使用各基本指令，进一步熟练掌握 PLC 的编程和程序调试。

## 二、控制要求

一个使用四条皮带运输机的传送系统，分别用四台电动机带动，控制要求如下：

启动时，先起动最末一条皮带机，经过 5 秒延时，再依次起动其他皮带机。

停止时，应先停止最前一条皮带机，待料运送完毕后，再依次停止其他皮带机。

当某条皮带机发生故障时，该皮带机及其前面的皮带机立即停止，而该皮带机以后的皮带机待运完后才停止。例如，M2 故障，M1、M2 立即停，经过 5 秒延时后，M3 停，再过 5 秒，M4 停。

当某条皮带机上有重物时，该皮带机前面的皮带机停止，该皮带机运行 5 秒后停止，而该皮带机以后的皮带机待料运完后才停止。例如，M3 上有重物，M1、M2 立即停，过 5 秒，M3 停，再过 5 秒，M4 停。

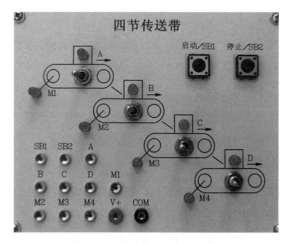

图 9 - 22　四节传送带的模拟实验面板图

图中的 A、B、C、D 表示负载或故障设定；M1、M2、M3、M4 表示传送带的运动。启动、停止用动合按钮来实现，负载或故障设置用钮子开关来模拟，电机的停转或运行用发光二极管来模拟。

### 三、输入/输出接线列表

| 输入接线 | | | | | | 输出接线 | | | |
|---|---|---|---|---|---|---|---|---|---|
| SB1 | A | B | C | D | SB2 | M1 | M2 | M3 | M4 |
| X0 | X1 | X2 | X3 | X4 | X5 | Y1 | Y2 | Y3 | Y4 |

# 实验14　液体混合装置

## 一、实验目的

（1）熟练使用各条基本指令。

（2）通过对工程实例的模拟，熟练地掌握 PLC 的编程和程序调试。

## 二、控制要求

本装置为两种液体混合模拟装置，SL1、SL2、SL3 为液面传感器，液体 A 阀门、液体 B 阀门与混合液阀门由电磁阀 YV1、YV2、YV3 控制，M 为搅匀电机，控制要求如下：

初始状态：装置投入运行时，液体 A、B 阀门关闭，混合液阀门打开 20 秒后关闭（将容器放空）。

启动操作：按下启动按钮 SB1，装置就开始按下列约定的规律操作。液体 A 阀门打开，液体 A 流入容器。当液面到达 SL2 时，SL2 接通，关闭液体 A 阀门，打开液体 B 阀门。当液面到达 SL1 时，关闭液体 B 阀门，搅匀电机开始搅匀。搅匀电机工作 6 秒后停止搅动，混合液体阀门打开，开始放出混合液体。当液面下降到 SL3 时，SL3 由接通变为断开。再过 2 秒，容器放空，混合液阀门关闭，开始下一周期。

停止操作：按下停止按钮 SB2，在当前的混合液操作处理完毕后，才停止操作（停在初始状态上）。

此面板中，液面传感器用钮子开关来模拟，启动、停止用动合按钮来实现，液体 A 阀门、液体 B 阀门、混合液阀门的打开与关闭以及搅匀电机的运行与停转用发光二极管的点

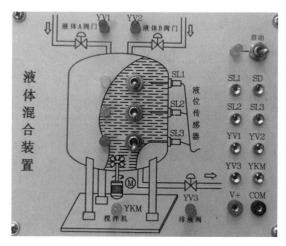

图 9 – 23　液体混合装置控制的模拟实验面板图

亮与熄灭来模拟。

### 三、输入/输出接线列表

| 输入接线 | | | | 输出接线 | | | |
|---|---|---|---|---|---|---|---|
| 启动（SD） | SL1 | SL2 | SL3 | YV1 | YV2 | YV3 | YKM |
| X1 | X2 | X3 | X4 | Y0 | Y1 | Y2 | Y3 |

### 四、工作过程分析

根据控制要求编写梯形图，分析液体混合装置的工作过程。

启动操作：按下启动按钮 SB1，X000 的动合触点闭合，M100 产生启动脉冲，M100 的动合触点闭合，使 Y000 保持接通，液体 A 电磁阀 YV1 打开，液体 A 流入容器。

当液面上升到 SL3 位置时，虽然 X004 动合触点闭合，但没有引起输出动作。

当液面上升到 SL2 位置时，SL2 接通，X003 的动合触点闭合，M103 产生脉冲，M103 的动合触点闭合一个扫描周期，复位指令 RST　Y000 使 Y000 线圈断开，液体 A 电磁阀 YV1 关闭，液体 A 停止流入；与此同时，M103 的动合触点闭合一个扫描周期，保持操作指令 SET　Y001 使 Y001 线圈接通，液体 B 电磁阀 YV2 打开，液体 B 流入。

当液面上升到 SL1 时，SL1 接通，M102 产生脉冲，M102 动合触点闭合，使 Y001 线圈断开，YV2 关闭，液体 B 停止注入；Y003 线圈接通，搅匀电机工作，开始搅匀。搅匀电机工作时，Y003 的动合触点闭合，启动定时器 T0，6 秒后，T0 动合触点闭合，Y003 线圈断开，电机停止搅动。当搅匀电机由接通变为断开时，M112 产生一个扫描周期的脉冲，M112 的动合触点闭合，Y002 线圈接通，混合液电磁阀 YV3 打开，开始放混合液。

液面下降到 SL3，液面传感器 SL3 由接通变为断开，使 M110 动合触点闭合一个扫描周期，M201 线圈接通，T1 开始工作，2 秒后，混合液流完，T1 动合触点闭合，Y002 线圈断开，电磁阀 YV3 关闭。同时，T1 的动合触点闭合，Y000 线圈接通，YV1 打开，液体 A 流入，开始下一个循环。

## 实验 15　电镀生产线模拟控制

### 一、实验目的

用 PLC 构成电镀生产线模拟控制系统，熟练掌握 PLC 的编程和程序调试方法。

### 二、控制要求

注意：启动前，左限位和下限位开关接通，其他限位开关断开，行车处于原点位置。

电镀生产线采用专用行车，行车架上装有可升降的吊钩，行车和吊钩各由一台电动机拖动，行车进退和吊钩升降由限位开关控制；生产线定为三槽位。工作循环为：启动后，吊钩由下向上移动，遇到上限位开关后，行车从左向右移动，到 3 号限位开关后（中间遇到 1 号和 2 号限位开关不响应）停止，吊钩下降，碰到下限位开关后停止，工件被放入电镀槽。电镀 5 秒后，吊钩上升，遇到上限位开关后停止，停放 3 秒后，行车左行，到 2 号限位开关位置时，行车停止，吊钩下降，遇到下限位开关后停止。工件被放入回收液浸泡 5 秒后，吊钩上升，遇到上限位开关，停 3 秒，接着左行，到 1 号限位开关位置时，吊钩下降，遇到下限位开关后停止。放入清水槽清洗 5 秒，吊钩上升，遇到上限位开关后停 3 秒，行车接着左行，左限位开关弹起时停止，吊钩下行，遇到下限位后，原点指示发光二极管点亮，指示回到原点。如循环开关拨上，系统将进入下一个循环，如没拨上，则停止。中间过程由发光二极管点亮指示，限位开关由钮子开关模拟，需手动。

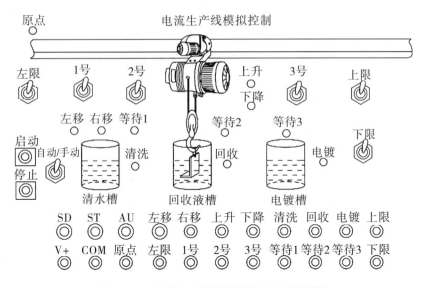

图 9-24　电镀生产线的模拟控制实验面板图

## 三、实验步骤

（1）列出输入/输出接线列表。

| 输入 | SD | ST | AU | 左限 | 1 号 | 2 号 | 3 号 | 上限 | 下限 | | |
|---|---|---|---|---|---|---|---|---|---|---|---|
| 接线 | X0 | X1 | X2 | X3 | X4 | X5 | X6 | X7 | X10 | | |
| 输出 | 左移 | 右移 | 上升 | 下降 | 清洗 | 回收 | 电镀 | 原点 | 等待 1 | 等待 2 | 等待 3 |
| 接线 | Y0 | Y1 | Y2 | Y3 | Y4 | Y5 | Y6 | Y7 | Y10 | Y11 | Y12 |

注：实验模块的 V +、COM 分别接主机上的 + 24V、GND，主机输出端的 COM1、COM2、COM3 及输入端 COM 接电源的 GND。

（2）打开主机电源，将程序下载到主机中。

（3）启动并运行程序，观察实验现象。

## 实验16　自控成型机模拟控制

### 一、实验目的

用 PLC 构成自控成型机模拟控制系统，熟练掌握 PLC 的编程和程序调试方法。

### 二、实验说明

当原料放入成型机时，各液缸初始状态为：Y1 = Y3 = Y4 = OFF，Y2 = ON；S1 = S3 = S6 = ON，S2 = S4 = S5 = OFF。启动以后，上面的液缸活塞向下运动，使 S3 = OFF。当该液缸活塞下降到终点 S4 = ON 时，启动左液缸 A 的活塞向右运动（S1 = OFF），右液缸 C 活塞向左运动（S6 = OFF）；当 A 缸活塞运动到终点（S2 = ON），并且 C 缸活塞也到终点（S5 = ON）时，原料已成型，各液缸开始退回到原位（限位开关手动返回到原位）。首先，A、C 缸返回到原位，B 缸再返回。当 B 缸返回到原位时，系统回到初始状态。

S1：A 缸左限位；S2：A 缸右限位；S3：B 缸上限位；S4：B 缸下限位；S5：C 缸左限位；S6：C 缸右限位。

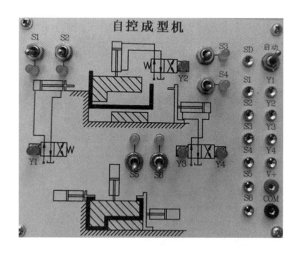

图 9 – 25　自控成型机的模拟实验面板图

### 三、实验步骤

（1）列出输入/输出接线列表。

| 输入接线 | | | | | | | 输出接线 | | | |
|---|---|---|---|---|---|---|---|---|---|---|
| SD | S1 | S2 | S3 | S4 | S5 | S6 | Y1 | Y2 | Y3 | Y4 |
| X0 | X1 | X2 | X3 | X4 | X5 | X6 | Y1 | Y2 | Y3 | Y4 |

（2）打开主机电源，将程序下载到主机中。

（3）启动并运行程序，观察实验现象。

# 9.2　综合设计模块

## 实验 17　小车综合运行控制

### 一、实验目的

（1）了解和认识现代直线运动控制系统的组成。

（2）学习子程序在编程中的应用。

（3）掌握可编程逻辑控制器在实际小车综合运行控制系统中的应用。

### 二、实验设备

| | |
|---|---|
| YTMMO – 3 型小车运动模型实物 | 一套 |
| 可编程逻辑控制器（含数字量 10 入/8 出以上） | 一台 |
| 安装有 PLC 编程软件的计算机 | 一台 |
| PLC 编程电缆 | 一根 |
| 实验导线 | 若干 |

### 三、小车系统

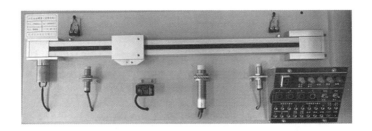

图 9 – 26

（1）安装底板：用于安装各种执行器及控制器的支撑体。

（2）导轨：用于固定同步带/轮，牵曳滑块小车运动及定义滑块小车的运行轨迹。

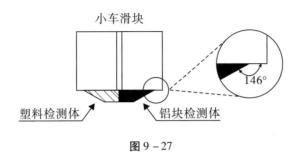

图 9 - 27

（3）滑块小车：整套系统的被控对象。

（4）直流减速电动机：整套系统的执行机构，用于带动被控对象小车。

（5）操作盒：安装有各种控制输入及输出显示机构，如图 9 - 28 所示。

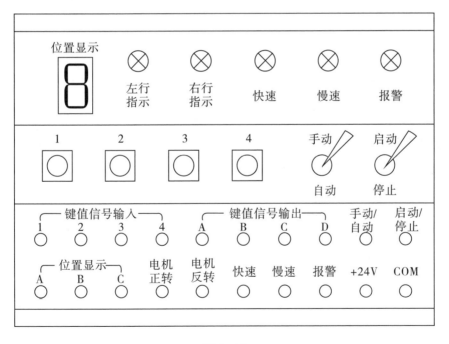

图 9 - 28

（6）传感器机构：装有各种传感器，如电感式传感器、电容式传感器、光电式传感器等，用于检测控制对象的位置信息。

（7）可编程控制器（用户自备）：本系统采用可编程逻辑控制器作为控制机构元器件，它负责整个系统输入/输出信息的处理和储存、控制。它验证不同的系统控制信息（启动/停止、手动/自动等），从而使系统以不同的控制模式运行；此外，它还接收系统的各种请求信息，并根据不同的请求信息作出不同的响应等。

（8）上位计算机（用户自备）：将安装有 PLC 编程软件的计算机作为上位编程工具，对 PLC 进行不同类型的编程，使 PLC 实现不同的控制功能。

## 四、控制要求

（1）系统启动，小车复位运行至位置 4 处。

（2）当选择"手动运行"时，系统调用"手动子程序"，进入手动运行状态，小车按手动方式运行。

（3）当选择"自动运行"时，系统调用"自动子程序"，进入自动运行状态，小车按自动方式运行。

（4）位置显示单元实时显示当前小车所处位置。

## 五、注意事项

（1）实验期间，模型应保持整洁，不可随意放置杂物，特别是导电的工具和多余的导线等，以免发生短路等故障。

（2）实验完毕，应及时断开电源输入，并及时清理实验面板，将连接导线整理好并放至规定的位置。若不能排除故障，请联系售后服务。在无把握时，请勿随意改动模型结构及电路。

## 六、程序流程图

### 1. 总体程序流程图

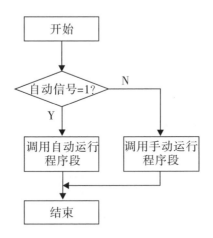

### 2. 手动子程序流程图

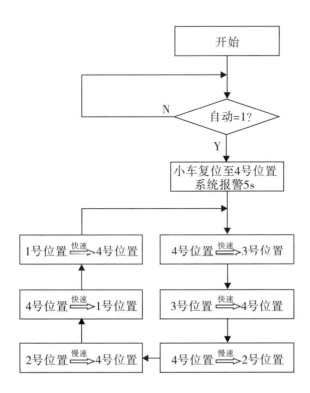

3. 自动子程序流程图

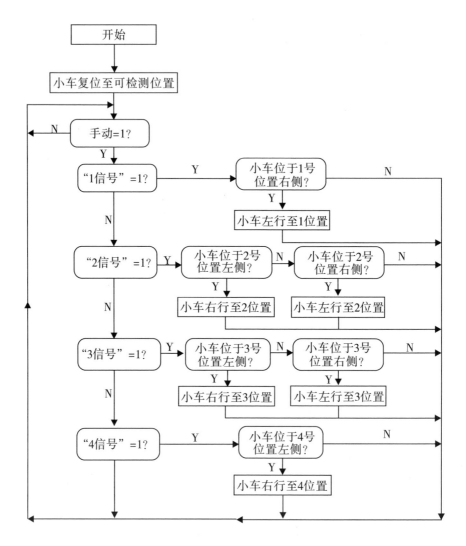

## 七、端口分配及功能表

| 序号 | PLC 地址（PLC 端子） | | | 面板端子 | 功能说明 |
|---|---|---|---|---|---|
| | 西门子 | 三菱 | 欧姆龙 | | |
| 1 | I0.0 | X0 | 0000 | 1 | "1"号键值信号输出 |
| 2 | I0.1 | X1 | 0001 | 2 | "2"号键值信号输出 |
| 3 | I0.2 | X2 | 0002 | 3 | "3"号键值信号输出 |

（续上表）

| 序号 | PLC 地址（PLC 端子） | | | 面板端子 | 功能说明 |
|---|---|---|---|---|---|
| | 西门子 | 三菱 | 欧姆龙 | | |
| 4 | I0.3 | X3 | 0003 | 4 | "4" 号键值信号输出 |
| 5 | I0.4 | X4 | 0004 | A（传感器信号） | 左侧电感式传感器信号输出 |
| 6 | I0.5 | X5 | 0005 | B（传感器信号） | 电容式传感器信号输出 |
| 7 | I0.6 | X6 | 0006 | C（传感器信号） | 光电式传感器信号输出 |
| 8 | I0.7 | X7 | 0007 | D（传感器信号） | 右侧电感式传感器信号输出 |
| 9 | I1.0 | X10 | 0008 | 手动/自动 | 手动/自动模式选择开关 |
| 10 | I1.1 | X11 | 0009 | 启动/停止 | 启动/停止选择开关 |
| 11 | Q0.0 | Y0 | 1000 | A（位置显示） | 数码显示控制端子 A |
| 12 | Q0.1 | Y1 | 1001 | B（位置显示） | 数码显示控制端子 B |
| 13 | Q0.2 | Y2 | 1002 | C（位置显示） | 数码显示控制端子 C |
| 14 | Q0.3 | Y3 | 1003 | 电机正转 | 电机电源端附加正向电压 |
| 15 | Q0.4 | Y4 | 1004 | 电机反转 | 电机电源端附加反向电压 |
| 16 | Q0.5 | Y5 | 1005 | 快速 | 电机电源端附加 +24V 电压 |
| 17 | Q0.6 | Y6 | 1006 | 慢速 | 电机电源端附加 +12V 电压 |
| 18 | Q0.7 | Y7 | 1007 | 报警 | 系统报警信号输出 |

## 八、电源接线

| 序号 | PLC 类型 | 输入端 | 输出端 |
|---|---|---|---|
| 1 | 三菱 | PLC 输入端、COM 公共端均接本模型电源输入 "COM" 端 | PLC 输出端，COM0、COM1、COM2 等公共端接本模型电源输入 "COM" 端 |
| 2 | 西门子（继电器输出型） | PLC 输入端，1M、2M 等公共端接本模型电源输入 "+24V" 端 | PLC 输出端，1L、2L、3L 等公共端接本模型电源输入 "COM" 端 |
| 3 | 欧姆龙 | PLC 输入端、COM 公共端均接本模型电源输入 "+24V" 端 | PLC 输出端、COM 公共端均接本模型电源输入 "COM" 端 |
| 4 | 本模型电源 | 外部直流 24V 电源正端接本模型电源输入 "+24V" 端 | 外部直流 24V 电源地端接本模型电源输入 "COM" 端 |

## 九、实验步骤

1. 按照端口分配表或接线图连接 PLC 与小车运动模型实物。

2. 将"启动/停止"拨至"ON"状态，将"手动/自动"开关拨至"自动"状态，观察小车运行状态，记录小车运行规律。

3. 将"手动/自动"开关拨至"自动"状态，点击"1、2、3、4"键值输出按钮，观察小车运动状态及系统报警状态。

4. 尝试编译新的控制程序，实现与示例程序不同的控制效果。

## 实验18　六足 21 自由度爬行机器人

### 一、实验目的

（1）初步了解机器人的工作原理，为进一步开发新控制程序打下基础。

（2）通过 PLC 编程实现对机器人的控制要求。

### 二、实验设备

实验使用的机器人如下图所示，有 6 足 18 个关节，配有 18 只伺服电机（航模舵机）。其采用强大控制器、电脑图形化编程、舵机防反接、智能防堵转等结构设计，可以模拟自然界的节肢动物的部分机动性能。学生通过编程能够实现较为复杂的运动控制，以及对爬行教学机器人的感知、编程和操作。

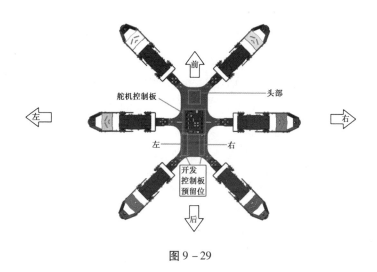

图 9 - 29

### 三、实验原理和控制过程

控制器用于与机器人实现无线连接，向机器人发送控制信号。控制器需要外接 DC 24V 电源，设置单独的电源开关进行控制。电源接口采用与常规实验设备匹配的专用安全插座，可便捷地与实验设备上的控制器连接，满足实验需求。

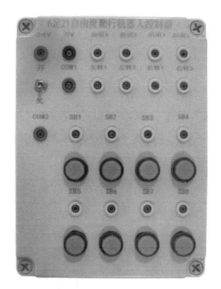

图 9 - 30    控制器示意图

控制器上半部分为机器人控制信号端口；COM1 端为信号公共端，源型/漏型输入均可；COM2 端为按钮开关的公共端。控制器下半部分为 8 路自复位按钮开关，可在不使用 PLC 等控制器的情况下完成机器人的手动控制功能。

## 四、控制要求

| 接口名称 | 信号逻辑 | 机器人执行过程 | 机器人动作 |
|---|---|---|---|
| 前进 1 | 1 | 一直执行 | 前进（小步低） |
|  | 1 → 0 | 执行一次 | 立正（低） |
| 后退 1 | 1 | 一直执行 | 后退（小步低） |
|  | 1 → 0 | 执行一次 | 立正（低） |
| 前进 2 | 1 | 一直执行 | 前扑 |
|  | 1 → 0 | 执行一次 |  |
| 后退 2 | 1 | 一直执行 | 后扑 |
|  | 1 → 0 | 执行一次 |  |
| 左转 | 1 | 一直执行 | 左转（中步低） |
|  | 1 → 0 | 执行一次 |  |

（续上表）

| 接口名称 | 信号逻辑 | 机器人执行过程 | 机器人动作 |
|---|---|---|---|
| 右转 | 1 | 一直执行 | 右转（中步低） |
| | 1 → 0 | 执行一次 | |
| 左行 | 1 | 一直执行 | 左侧滑 |
| | 1 → 0 | 执行一次 | |
| 右行 | 1 | 一直执行 | 右侧滑 |
| | 1 → 0 | 执行一次 | |

### 五、注意事项

（1）请不要在打开开关的情况下用手用力掰扯机器人，出现问题请先断开电源。

（2）使用过程中机器人或机械臂发出"滴滴"响，即为电池电量不足，请尽快充电。一般充电 2 个小时左右，充满电一般可累计使用 1 个小时。

（3）六足请勿持续长时间受力运行，否则舵机会因为特性而开始发热，时间过长会有烧坏的风险。

（4）充满电之后，充电器会由红灯变绿灯。如果一开始就是绿灯，即为电池电量过低，请先充电至少 2 个小时。此外，充电过程中请勿边充电边使用！

（5）如果长时间不使用机器人，务必关闭控制板开关，再将电池接口断开，防止电池亏电损坏。

（6）机器人运动时，请让机器人远离脸、眼睛，避免误伤。

（7）机器人运动时，请勿把手指放在机器人关节活动范围，避免夹伤。

（8）机器人表演时，请放在平整光滑的地面，否则机器人容易动作不稳定甚至摔倒。

（9）若机器人关节不转，请及时关闭电源，检查舵机线是否松动。

（10）机器人上电后，请不要强行扳动关节，容易造成机器人关节损坏。

（11）机器人运动时，谨防其从高处边缘跌落。

（12）机器人的舵机属于精密器件，也是易耗品，长时间或过度使用后需要更换。

（13）机器人持续运行时间过长，舵机会发热，需要机器人"休息"至

舵机冷却后，方可继续运行。

## 六、实验内容（三菱 FX3G 系列 PLC）

1. I/O 分配表

| I/输入 | 备注 | O/输出 | 备注 |
| --- | --- | --- | --- |
| X0 → SB1 | 启动按钮 | Y0 → 前进 1 | 前进（小步低） |
| X1 → SB2 | 停止按钮 | Y1 → 前进 2 | 前扑 |
| | | Y2 → 后退 1 | 后退（小步低） |
| | | Y3 → 后退 2 | 后扑 |

2. 接线方法

（1）根据 I/O 分配表，用导线连接 PLC 与端子排对应端口。

（2）PLC 输入侧公共端 S/S 接直流电源的 GND。

（3）PLC 输出侧公共端 COM 接直流电源的 GND。

（4）按钮的公共端 COM2 接直流电源的 +24V。

（5）控制信号公共端 COM1 接直流电源的 +24V。

3. 控制流程

PLC 置于运行状态后，将控制盒电源开关拨到"开"。按下启动按钮 SB1，机器人将循环执行前进 1、前进 2、后退 2、后退 1 的动作过程。运行过程中，按下停止按钮 SB2，机器人暂时停止。重新按下启动按钮后，机器人继续之前的状态运行。

4. 示例程序

```
     M8002
 0 ──┤├──┬─────────────────────────────────────────[ RST    C0 ]
        │
        └────────────────────────────────────[ ZRST   Y000  Y007]

     X000  X001
 8 ──┤├───┤/├───────────────────────────────────────[ SET    M100]

     X001
11 ──┤├──────────────────────────────────────────────[ RST    M100]

13 [>=C0   K22]───────────────────────────────────────[ RST    C0 ]

     M100  T37
20 ──┤├───┤/├────────────────────────────────────────( T37    K10)

     T37
25 ──┤↑├──────────────────────────────────────────────( C0     K100)

     M100
30 ──┤├──┬─[>=  C0  K0]─[<=  C0  K5]────────────────(   Y000  )
        │
        ├─[>=  C0  K6]─[<=  C0  K10]───────────────(   Y001  )
        │
        ├─[>=  C0  K11]─[<=  C0  K15]──────────────(   Y003  )
        │
        └─[>=  C0  K16]─[<=  C0  K20]──────────────(   Y002  )

79 ──────────────────────────────────────────────────[  END   ]
```

## 实验 19　智能温室控制

### 一、实验目的

（1）掌握智能温室的控制过程。

（2）熟练掌握整个控制过程的程序编写。

（3）掌握模拟量控制的程序编写。

### 二、控制要求

1. 自动控制

（1）加热罐：当设定温度 > 内部温度，且温差 > 1℃时，加热罐加热；当设定温度 < 内部温度时，加热罐停止加热。

（2）遮光帘：当内部温度 < 设定温度，且温差 > 1℃时，若内部光照强度 < 外部光照强度，遮光帘打开；若内部光照强度 > 外部光照强度，遮光帘关闭。当内部温度 > 设定温度，且温差 > 1℃时，若内部光照强度 < 外部光照强度，遮光帘关闭；若内部光照强度 > 外部光照强度，遮光帘打开。

（3）风机：当内部温度 > 设定温度时，若温差 > 5℃，风机高速运转；若 1℃ < 温差 < 5℃，风机低速运转。

（4）报警指示灯：当内部温度 > 设定温度时，若 1℃ < 温差 < 5℃，报警指示灯常亮指示报警状态；若温差 > 5℃，报警指示灯以 1Hz 的频率闪烁进行报警。

2. 手动控制

（1）按下手动/自动按钮，可以通过遮光、受光、强风、照明、加热等按钮实现手动控制。

（2）手动加热操作，当温度 > 40℃时，报警指示灯以 1Hz 的频率闪烁进行报警，加热器停止加热；当温度 < 40℃时，温度报警指示灯熄灭，加热器开始加热。

### 三、注意事项

（1）自动运行时，设定温度必须大于外部温度（系统初始默认设定温度为 25℃，上位机温度设定范围为 20℃ ~ 50℃）。

（2）默认情况下，内部光照强度 < 外部光照强度，若用手遮住外部光敏电阻，则内部光照强度 > 外部光照强度。

## 四、端口分配及功能表

| 序号 | PLC 地址（PLC 端子） | 电气符号（面板端子） | 功能说明 |
|------|---------------------|---------------------|----------|
| 1 | X0 | IN1 | 自动/手动按钮 |
| 2 | X1 | IN2 | 遮光按钮 |
| 3 | X2 | IN3 | 受光按钮 |
| 4 | X3 | IN4 | 通风按钮 |
| 5 | X4 | IN5 | 照明按钮 |
| 6 | X5 | IN6 | 加热按钮 |
| 7 | X6 | IN7 | 遮光检测传感器 |
| 8 | X7 | IN8 | 受光检测传感器 |
| 9 | X10 | IN9 | 外部光照大于内部光照信号 |
| 10 | Y0 | OUT1 | 电机反转（受光） |
| 11 | Y1 | OUT2 | 电机正转（遮光） |
| 12 | Y2 | OUT3 | 照明 |
| 13 | Y3 | OUT4 | 强风 |
| 14 | Y4 | OUT5 | 弱风 |
| 15 | Y5 | OUT6 | 报警指示 |
| 16 | V1 + | A + | 内部温度信号正端 |
| 17 | COM1 | A – | 内部温度信号负端 |
| 18 | V2 + | B + | 外部温度信号正端 |
| 19 | COM2 | B – | 外部温度信号负端 |
| 20 | V1 + | V0 | 模拟量输出 |
| 21 | COM1 | M0 | 模拟量输出公共端 |
| 22 | PLC 主机输入公共端 S/S、对象 +24V | | +24V 电源 |
| 23 | PLC 主机输出公共端 COM1/COM2、模拟量输入公共端 COM1/COM2、模拟量输出公共端 COM1 | | 电源公共端 |

## 五、实验步骤

（1）检查实训设备中的器材及调试程序。

（2）按照 I/O 端口分配表或接线图完成 PLC 与实训模块之间的接线，认真检查，确保正确无误。

（3）打开示例程序或用户自己编写的控制程序，进行编译，有错误时，根据提示信息修改，直至无误。用平行网线连接电脑与 PLC，打开 PLC 主机电源开关，下载程序至 PLC 中。下载完毕后，将 PLC 的 "RUN/STOP" 开关拨至 "RUN" 状态。

（4）系统初始默认温度为 30℃，用户可根据需要在上位机软件画面中设定（设定范围为 20℃~50℃）。

（5）根据控制要求进行操作，观察系统运行情况，并做好记录。

## 六、实验总结

（1）总结运算和 PID 指令（比例积分微分控制指令）的使用方法。
（2）总结记录 PLC 与外部设备的接线过程及注意事项。

## 七、示例程序

设置模拟通道 1/2 为 0~10V
```
        M8001
    0 ──┤├──┬─────────────────────────────( M8270 )
           │
           ├─────────────────────────────( M8271 )
           │
           └─────────────────────────────( M8260 )
```

上电复位错误状态
```
        M8002
    7 ──┤↑├──┬──────────────────────────[RST  D8268.6]
            │
            ├──────────────────────────[RST  D8268.7]
            │
            ├──────────────────────────[RST  D8278.6]
            │
            └──────────────────────────[RST  D8278.7]
```

设置模拟通道 1/2 平均次数为 1
```
        M8000
   20 ──┤├──┬──────────────────────────[MOV  K1  D8274]
           │
           └──────────────────────────[MOV  K1  D8275]

        M8002
   31 ──┤├─────────────────────────────[MOV  K30 D100]
```

工程量转化缩放初始化程序0~10V（4000）转换为0~100℃

```
   M8002
37 ──┤├─────────────────────────────────────[ MOV  K2    D50 ]
     │                                        [ MOV  K0    D51 ]
     │                                        [ MOV  K0    D52 ]
     │                                       [ MOV  K4000  D53 ]
     │                                       [ MOV  K100   D54 ]
```

将通道1/2工程量转换后存放在D0/D101

```
   M8000
63 ──┤├────────────────────────────[ SCL  D8270  D50  D0 ]
     │                              [ SCL  D8271  D50  D101 ]
```

手（P0）/自（P1）动切换

```
   M8000 X000
78 ──┤├──┤/├─────────────────────────────────[ CALL  P0 ]
         自动/手动按钮

         X000
     ──┤├────────────────────────────────────[ CALL  P1 ]
         自动/手动按钮

   M8000 X006
89 ──┤├──┤├──────────────────────────────────(  M10  )
         遮光检测传感器

         X007
     ──┤├────────────────────────────────────(  M11  )
         受光检测传感器

         X010
     ──┤├────────────────────────────────────(  M12  )
         外部光照大于内部

         X000
     ──┤├────────────────────────────────────(  M13  )
         自动/手动按钮

     ─────────────────────────────────[ MOV  D8270  D4 ]

     ─────────────────────────────────[ MOV  D8271  D6 ]

     ─────────────────────────────────[ MOV  D8260  D8 ]
```

```
118 ───────────────────────────────────────────────────[ END ]

     M8000 X001 X006
119 ──┤├──┤├──┤/├──────────────────────────────────────( Y001 )
          遮光按钮 遮光检测传感器                          电机正转（遮光）

          X002  X007
        ──┤├───┤/├──────────────────────────────────────( Y000 )
          受光按钮 受光检测传感器                          电机反转（受光）

          X005
        ──┤├──[< D0 K40]──────────────────────[MOV K4000 D8260]
          加热按钮
                              M8013
                            ──┤├──[>= D0 K43]─────────────( Y005 )
                                                            报警指示

          [> D0 K40]───────────────────────────────[ MOV K0 D8260 ]

          X005
        ──┤/├──────────────────────────────────────[ MOV K0 D8260 ]
          加热按钮

          X003
        ──┤├────────────────────────────────────────( Y003 )
          通风按钮                                      强风
          X004
        ──┤├────────────────────────────────────────( Y002 )
          照明按钮                                      照明

172 ──────────────────────────────────────────────────[SRET ]
```

自动控制
```
     M8000
173 ──┤├──────────────────────────────────────[SUB D100 D0 D102]

        ──[>= D102 K1]──────────────────────[MOV K4000 D8260]

        ──[< D102 K1]───────────────────────[ MOV K0 D8260 ]
```

204 ┤├ M8000 [>= D102 K1 ] X010 X006 ─( M0 )
外部光照 遮光检测
大于内部 传感器

X010 X007 ─( M1 )
外部光照 受光检测
大于内部 传感器

[<= D102 K1 ] X010 X007 ─( M2 )
外部光照 受光检测
大于内部 传感器

X010 X006 ─( M3 )
外部光照 遮光检测
大于内部 传感器

M0 ─( Y001 )
电机正转（遮光）
M3

M1 ─( Y000 )
电机反转（受光）
M2

243 ┤├ M8000 [> D102 K5 ][< D102 K1 ] ─( Y004 )
弱风
─( M4 )

[<= D102 K5 ] ─( Y003 )
强风

M8013 ─( M5 )

M4 ─( Y005 )
报警指示
M5

271 ──────────────────────────────[ RET ]

272 ──────────────────────────────[ END ]

*197*

# 实验 20　四层电梯实训模型

## 一、实验目的

（1）通过对工程实例的模拟，熟练地掌握 PLC 的编程和程序调试方法。

（2）进一步熟悉 PLC 的 I/O 连接。

（3）熟悉四层楼电梯内外按钮控制的编程方法。

## 二、实验设备

| | |
|---|---|
| YTMMO – 1 型四层电梯实验教学模型 | 一台 |
| 安装 STEP 7 – MicroWIN SMART 编程软件的计算机 | 一台 |
| 网线 | 一根 |
| PLC 主机 | 一台 |

## 三、控制要求

（1）开始时，电梯处于任意一层。

（2）当有外呼梯信号到来时，电梯响应该呼梯信号。到达该楼层时，电梯停止运行，电梯门打开，延时 3s 后自动关门。

（3）当有内呼梯信号到来时，电梯响应该呼梯信号。到达该楼层时，电梯停止运行，电梯门打开，延时 3s 后自动关门。

（4）在电梯运行过程中，电梯上升（或下降）途中，对任何反方向下降（或上升）的外呼梯信号均不响应，但如果反向外呼梯信号前方无其他内、外呼梯信号时，则电梯响应该外呼梯信号，但不响应二层向下的外呼梯信号。

（5）电梯应具有最远反向外梯响应功能。例如：电梯在一楼，而同时有二层向下外呼梯、三层向下外呼梯、四层向下外呼梯，则电梯先去四楼响应四层向下外呼梯信号。

（6）电梯未平层或运行时，开门按钮和关门按钮均不起作用。平层且电梯停止运行后，按开门按钮，电梯门打开；按关门按钮，电梯门关闭。

## 四、输入/输出分配列表

| 序号 | 名称 | 输入点 | 序号 | 名称 | 输出点 |
|---|---|---|---|---|---|
| 0 | 一层内呼 | I0.0 | 0 | 一层内呼指示 | Q0.0 |
| 1 | 二层内呼 | I0.1 | 1 | 二层内呼指示 | Q0.1 |
| 2 | 三层内呼 | I0.2 | 2 | 电梯上行 | Q0.2 |
| 3 | 三层平层 | I0.3 | 3 | 电梯下行 | Q0.3 |
| 4 | 一层外呼上 | I0.4 | 4 | 一层外呼上指示 | Q0.4 |
| 5 | 二层外呼下 | I0.5 | 5 | 二层外呼下指示 | Q0.5 |
| 6 | 二层外呼上 | I0.6 | 6 | 二层外呼上指示 | Q0.6 |
| 7 | 三层外呼下 | I0.7 | 7 | 三层外呼下指示 | Q0.7 |
| 8 | 开门限位 | I1.0 | 8 | 门电机开 | Q1.0 |
| 9 | 关门限位 | I1.1 | 9 | 门电机关 | Q1.1 |
| 10 | 开门开关 | I1.2 | 10 | 三层内呼指示 | Q1.2 |
| 11 | 关门开关 | I1.3 | 11 | 三层外呼上指示 | Q1.3 |
| 12 | 一层平层 | I1.4 | 12 | 四层外呼下指示 | Q1.4 |
| 13 | 二层平层 | I1.5 | 13 | 四层内呼指示 | Q1.5 |
| 14 | 三层外呼上 | I1.6 | 14 | 楼层显示 A | Q1.6 |
| 15 | 四层外呼下 | I1.7 | 15 | 楼层显示 B | Q1.7 |
| 16 | 四层内呼 | I2.0 | 16 | 楼层显示 C | Q2.0 |
| 17 | 四层平层 | I2.1 | | | |
| 18 | 电梯下降极限位 | I2.2 | | | |
| 19 | 电梯上升极限位 | I2.3 | | | |

## 五、实验步骤

（1）接通电梯模型及 PLC 主机的电源，观察电梯模型、PLC 主机供电是否正常，然后关闭电源开关。

（2）在电梯模型中，将电梯内按钮信号 1、2、3、4 、◁▷、▷◁与 PLC 主机的 I0.0、I0.1、I0.2、I2.0、I1.2、I1.3 相连；将电梯外按钮信号 1△、2▽、2△、3▽、3△、4▽与 PLC 主机的 I0.4、I0.5、I0.6、I0.7、I1.6、I1.7

相连；将电梯平层 1、2、3 与 PLC 主机的 I1.4、I1.5、I0.3 相连；将电梯门限信号 ⇦、⇨ 与 PLC 主机的 I1.0、I1.1 相连；将电梯下降极限位、电梯上升极限位与 PLC 主机的 I2.2、I2.3 相连；将公共端 I 与 PLC 主机 1M 相连；将电梯内部选择指示灯 1、2、3、4 与 PLC 主机的 Q0.0、Q0.1、Q1.2、Q1.5 相连；将电梯外部呼叫指示灯 1△、2▽、2△、3▽、3△、4▽ 与 PLC 主机的 Q0.4、Q0.5、Q0.6、Q0.7、Q1.3、Q1.4 相连；将电梯行控上行、下行与 PLC 主机的 Q0.2、Q0.3 相连；将电梯门控开门、关门与 PLC 主机的 Q1.0、Q1.1 相连；将电梯显示 A、B、C 与 PLC 主机的 Q1.6、Q1.7、Q2.0 相连；将公共端 II 与 PLC 主机输出端的 1L、2L、3L 相连，但不能与主机的供电 L 相连。检查无误后，重新开启电源，模型、PLC 处于待机状态。

（3）下载并运行程序，按动电梯模型中的内呼或外呼按钮，若 PLC 程序编制正确，电梯模型将根据内、外呼叫指示，按控制要求正常运行。

## 实验 21　变频恒压供水实训模型

### 一、实验目的

（1）熟悉变频恒压供水系统的实训原理。

（2）掌握变频恒压供水系统的操作步骤和投运方法。

### 二、实验设备

| | |
|---|---|
| YTBGS – 3 型变频恒压供水系统实训装置 | 一套 |
| YTBGS – 3 型变频恒压供水系统对象装置 | 一套 |
| PC 机（配力控组态软件一套） | 一台 |

### 三、实验原理

变频恒压供水系统是一个包含了单回路定值控制和逻辑状态切换的综合控制系统。单泵控制变频恒压供水的实训实际上是一个单回路压力定值控制系统的实训，是变频恒压供水系统中最简单、最基本的一种控制模式。其逻辑状态的切换依靠的是单回路控制 PID 运算的结果、时间逻辑（休眠控制）和外部信号（消防控制）输入三种条件的组合。

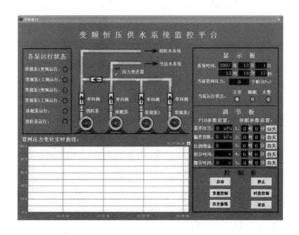

图 9 – 31　变频恒压供水系统监控平台界面

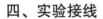

### 四、实验接线

将变频器的"工频输入"接"工频输出"(R、S、T 分别接入 U0、V0、W0);变频器的"变频输出"接主电路的"变频输入"(U、V、W 对接);主电路面板上的"工频输入"(U0、V0、W0)接"工频输出"(U0、V0、W0 对接)。

DDC 数字量输出 D01、D02、D03、D04 的"E"端和通用输出 U01、U02 的"H"端分别接控制线路面板中的"常规泵 1 变频控制端(Y1)""常规泵 1 工频控制端(Y2)""常规泵 2 变频控制端(Y3)""常规泵 2 工频控制端(Y4)""休眠泵工频控制端(Y5)""消防泵工频控制端(Y6)"。DDC 数字量输出的所有"F"端和通用输出的所有"I"端短接后,再接到控制线路面板中的"A"端。

变频器控制端口"STF"与"SD"短接;变频器控制端口"2""5"分别接 DDC 的模拟量输出(A01)的"+""GND"两端;DDC 通用输入(UI1)的"C""B"端分别接"压力信号"4~20mA 的"+""−"端。

### 五、实验步骤

参照前面实物实验,做好系统投运前的测试工作,检查系统的工作状态。各泵运转正常后,按如下步骤操作。

(1)将总电源和 DDC 电源打开,并将手动/自动控制开关拨到"手动"。

(2)打开生活水系统的总阀和该系统的所有支路阀门,消防用水支路阀门保持关闭状态。

(3)手动启动"常规泵 1"。

(4)运行上位机系统,读取当前的管网压力,记下该压力数值(如 18~22kPa)。

(5)手动停止"常规泵 1"后,将手动/自动控制开关拨到"自动"。

(6)在第 4 步测得的压力范围内设置好需求压力值(参考数值为 15~22kPa 之间),偏差容限为 0~3kPa,比例增益为 50,积分时间为 5,微分时间的设置权限保留,默认为 0 值。

(7)按"启动"按钮,系统会自动调整变频器的输出,常规泵 1 在变频状态下运行。待当前管网压力达到需求压力，且在偏差容限内基本稳定时，变频器将稳定在一个固定的频率值上。

（8）系统稳定后，调节用水量大小（如关闭三、四层的生活用水阀），DDC 会自动调节变频器的输出频率，直到达到新的平衡点为止。

# 实验 22　门禁实物系统教学模型

## 一、实验目的

（1）熟悉门禁实物系统教学模型的实训原理。

（2）掌握门禁实物系统教学模型的操作步骤。

## 二、实验设备

一套单机门禁控制系统，由型材框架、门窗模型、对射传感器、开关、刷卡机、门铃、门磁、电锁、报警器、直流电源输出等组成。

图 9-32　单机门禁控制系统实物图

## 三、实验原理

门禁控制系统以单屋（门、窗）为假想保护对象，其基本系统由密码、读卡器、控制器、开关门机构组成，又在此基础之上融入防盗报警系统，利用门磁开关保护、红外报警保护等手段。进出人员可以不同的身份级别以不同的方式进出房间，例如：密码、卡、密码＋卡等方式。此套系统完全开放，所有控制端子均引至面板上，可通过专用实验导线与上位机控制器模块连接，实现不同类型的控制方式。

### 四、注意事项

（1）使用时特别注意直流电源的极性，避免错接极性导致设备损坏。

（2）使用上位机控制器时，务必与实训装置使用同一个直流电源。

### 五、参考接线图（不使用上位机控制器）

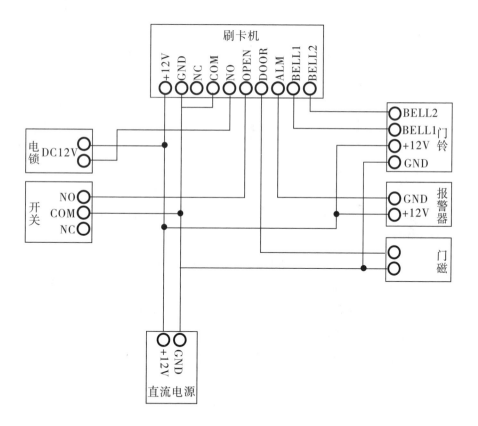

## 六、控制示例

### 1. I/O 分配表

| 序号 | PLC 地址 | 端口 | 备注 |
|---|---|---|---|
| 1 | X10 | ALM | 刷卡机 |
| 2 | X11 | BELL 1 | 刷卡机 |
| 3 | X12 | BELL 2 | 刷卡机 |
| 4 | X13 | NO | 刷卡机 |
| 5 | X14 | NO | 开关 |
| 6 | X15 | OUT | 对射传感器 |
| 7 | X16 | 门磁 | |
| 8 | Y10 | OPEN | 刷卡机 |
| 9 | Y11 | DOOR | 刷卡机 |
| 10 | Y12 | 电锁 | |
| 11 | Y13 | GND | 报警器 |
| 12 | Y14 | BELL1 | 门铃 |
| 13 | Y15 | BELL2 | 门铃 |

### 2. 接线方法

（1）根据 I/O 分配表，用导线连接 PLC 与端子排对应端口。

（2）PLC 输入侧公共端 S/S 接直流电源的 +12V。

（3）PLC 输出侧公共端 COM 接直流电源的 GND。

（4）开关的公共端 COM 接直流电源的 GND。

（5）对射传感器的公共端 COM 接直流电源的 GND。

（6）刷卡机的公共端 COM 接直流电源的 GND。

（7）门磁的公共端接直流电源的 GND。

（8）电锁的公共端接直流电源的 +12V。

（9）报警器的 +12V 端口接直流电源的 +12V。

### 3. 控制流程

PLC 置于运行状态后，可通过开关控制电锁，也可通过刷卡机的门卡或密码控制电锁。当对射传感器被遮挡或者在未开门的情况下门磁断开，则会触发报警器，发出警报。

# 参考文献

［1］竺志超，陈元斌，韩豫. 非标自动化设备设计与实践：毕业设计、课程设计训练［M］. 北京：国防工业出版社，2015.

［2］蔡建华，温秀兰. 计算机测控技术［M］. 南京：东南大学出版社，2016.

［3］杨依领，谢龙汉. 西门子 S7－300 PLC 程序设计及应用［M］. 北京：清华大学出版社，2014.

［4］杨晓辉，刘丽红，许晶. 机电专业英语［M］. 北京：北京理工大学出版社，2013.

［5］冯景文. 电气自动化工程［M］. 北京：光明日报出版社，2016.

［6］汪建. 电路原理：下册［M］. 2 版. 北京：清华大学出版社，2016.

［7］《中国电力百科全书》编辑委员会，《中国电力百科全书》编辑部. 中国电力百科全书：输电与变电卷［M］. 3 版. 北京：中国电力出版社，2014.

［8］田社平. 电路理论基础［M］. 上海：上海交通大学出版社，2016.

［9］张显鹏. 铁合金辞典［M］. 沈阳：辽宁科学技术出版社，1996.

［10］《教师百科辞典》编委会. 教师百科辞典［M］. 北京：社会科学文献出版社，1988.

［11］杨正泽，李向东. 高档数控机床和机器人［M］. 济南：山东科学技术出版社，2018.

［12］张茂平，刘彭义，钟伟荣. 基于 PLC 课程的实验设计［J］. 社会科学，2020（2）.

［13］俞国亮. PLC 原理与应用：三菱 FX 系列［M］. 2 版. 北京：清华大学出版社，2009.

［14］向晓汉，刘摇摇. PLC 编程从入门到精通［M］.北京：化学工业出版社，2019.

［15］李继芳. 电气工程技术实训教程［M］.厦门：厦门大学出版社，2016.

［16］廖常初. S7 - 200 SMART PLC 编程及应用［M］.3 版. 北京：机械工业出版社，2019.

［17］秦曾煌. 电工学：上册［M］.6 版. 北京：高等教育出版社，2003.

［18］数码维修工程师鉴定指导中心. 微视频全图讲解 PLC 及变频技术［M］.北京：电子工业出版社，2018.

［19］YTPLC - 2 型可编程控制器实验箱实验指导书［Z］. 杭州仪迈科技有限公司，2019.